GÉOLOGIE TECHNOLOGIQUE

PARIS. — TYPOGRAPHIE TOLMER ET ISIDOR JOSEPH,
rue du Four-Saint-Germain, 43.

GÉOLOGIE TECHNOLOGIQUE

TRAITÉ
DES APPLICATIONS
DE LA GÉOLOGIE

AUX ARTS ET A L'INDUSTRIE

AGRICULTURE — ARCHITECTURE — GÉNIE CIVIL
MÉTALLURGIE — CÉRAMIQUE — VERRERIE — MÉDECINE — TEINTURE
PRODUITS CHIMIQUES — PEINTURE — JOAILLERIE

Traduction libre de l'*Economic Geology*, de **DAVID PAGE**
Professeur de Géologie à l'Université de Durham

PAR

STANISLAS MEUNIER
Docteur ès Sciences, Aide-naturaliste de Géologie au Muséum

PARIS
J. ROTHSCHILD, ÉDITEUR
13, RUE DES SAINTS-PÈRES, 13

—

1877

TABLE DES MATIÈRES

ERRATA.

Page 96, la 6e ligne doit être replacée la première.

— 97, 5e ligne à partir d'en bas, au lieu de *zoolithes* lire *zéolithes*.

— 98, 14e ligne, au lieu de *feldopathique* lire *feldspathique*.

— 115, 6e ligne à partir d'en bas, au lieu de *munchelkalk* lire *mus-chelkalk*.

— 163, au lieu de *figure* 51, lire *figure* 50.

— 179, au lieu de *figure* 51, lire *figure* 53.

— 193, 15e ligne, au lieu de *crown-glace*, lire *crown. glace*.

— 232, avant dernière ligne, au lieu de la *source*, lire la *soude*.

— 270, au lieu de *figure* 68, lire *figure* 66.

Paris. — Typ. Tolmer et Isidor Joseph.

AVERTISSEMENT

L'ouvrage que nous offrons aujourd'hui au public, quoique rédigé d'après l'*économic Geology* de David Page, n'est pas une traduction dans le sens ordinaire de ce mot. Chargé de faire passer en notre langue un livre dont le succès montre l'incontestable valeur, nous avons cru que notre but serait manqué si nous nous bornions à remplacer dans le texte les mots anglais par les termes français correspondants. Le livre de Page est essentiellement britannique; tous les exemples qui y sont cités sont empruntés au territoire du Royaume-Uni; il serait encore anglais après une traduction littérale. Pour en faire un livre français, il fallait remplacer par des localités françaises offrant les mêmes faits, tous les points étrangers et peu connus chez nous, signalés par l'auteur : notre tâche ainsi comprise, la difficulté était bien plus grande, mais nous avons conscience que notre travail sera d'une plus haute utilité.

Le but à atteindre était de faire, des chapitres qui suivent, un tableau des richesses minérales de notre pays, ordonnées d'après les diverses applications qu'on peut faire de chacune d'elles. On verra comment l'agriculture, l'architecture, le génie civil, la production de la chaleur et de la lumière, les arts céramiques et la verrerie, la peinture et la teinture, la médecine, etc., peuvent trouver, dans le sol même de la France, des éléments de progrès et d'extension. Ce serait une œuvre patriotique que de montrer combien, ce qu'on va chercher très-loin comme à la seule source qui le produise, peut être souvent recueilli chez nous. Rien n'est plus regrettable, alors que le pays a tant besoin de se relever, que de voir des Français aller acheter au dehors ce qu'ils savent produire chez eux-mêmes; rien n'est plus triste, pour prendre un exemple dans notre sujet, que de voir les malades payer dans les stations thermales de l'étranger des avantages qu'ils trouveraient à meilleur compte près des sources nationales.

Ceci ne veut pas dire, bien entendu, que la France produise tout et que le reste du monde ne fasse que la répéter. On a eu bien soin, au contraire, dans ce qui suit, de citer les localités étrangères caractérisées par des productions spéciales et souvent même avec de grands détails.

Il importe, d'ailleurs, de dire en terminant, que nous avons suivi exactement l'ordre d'exposition adopté par l'auteur anglais, et que nous avons eu soin de reproduire littéralement les considérations générales que chaque sujet lui a inspirées.

CHAPITRE I

INTRODUCTION

L'étude de la Géologie se présente sous deux grands aspects : — l'un purement scientifique, et qui fait appel à l'intelligence ; l'autre surtout pratique, et qui répond aux nécessités matérielles de la vie. Dans son but scientifique, elle examine, trace comme sur une carte, et arrange les roches de la croûte terrestre en formation, et en système suivant leur composition, leurs positions relatives et les fossiles qu'elles contiennent ; elle s'efforce d'en déduire une histoire suivie de notre globe et ressuscite ses aspects successifs depuis les périodes les plus reculées jusqu'à notre époque.

Pratiquement, la Géologie permet de tirer parti de cet arrangement chronologique des formations rocheuses, et essaye de découvrir dans chacune ces minéraux et ces métaux qui se rapportent si directement aux arts et aux industries de la vie civilisée. Ainsi, quoique séparés, en apparence, le côté scientifique et le côté pratique ne peuvent en réalité être disjoints. Plus nos connaissances de la position et de la succession des formations rocheuses sont exactes, plus nos explorations économiques acquièrent de certitude ; et plus nos tentatives industrielles auront du succès, plus sera grande l'impulsion donagr à l'agrandissement et à l'exactitude des recherches scientifiques. — Il ne saurait, en vérité, exister d'antagonisme entre la science et l'art, entre les connaissances théoriques et leurs applications économiques. Il est impossible de jamais séparer l'expression pratique d'une vérité de sa conception théorique.

A part son utilité, la Géologie sera toujours un sujet d'intérêt et de recherches intellectuels, car les problèmes de temps, de changements et de progrès qu'elle agite, sont parmi les plus attrayants qui puissent occuper l'esprit. Il est également vrai, cependant, que la science est grosse de valeur pratique, et il en sera toujours ainsi, car toujours l'homme tirera de la terre des matériaux pour la fabrication de ses outils et de ses machines, pour son chauffage et son éclairage, et pour la construction et l'ornementation de ses demeures. — Quoiqu'il intéresse plus directement l'agriculture, l'architecte, l'ingénieur civil, l'ingénieur des mines, et le chimiste manufacturier, cet aspect pratique de la Géologie est d'une importance universelle. L'homme ne peut faire aucun progrès en civilisation sans puiser dans les provisions minérales et métalliques de la croûte terrestre. Il peut mener une vie nomade ou sauvage, se nourrissant de racines et de fruits; subsistant par la chasse, par la pêche, ou par le produit de ses troupeaux, mais il ne peut s'établir en communautés civilisées ni combattre avantageusement les forces de la nature avant d'avoir appris à se munir d'outils et de machines. Personnellement, il est faible, et ce n'est que lorsqu'il s'est muni d'outils, dont il tire les meilleurs de la terre, qu'il est en mesure de cultiver le sol, de recueillir les moissons, de tailler le bois et la pierre et de façonner les minerais. Et plus ses besoins civilisés deviennent nombreux, plus il a recours à la terre : — c'est de sa croûte rocheuse, et d'elle seule qu'il tire toutes les matières premières pour élever ses villes, décorer ses maisons, construire les ponts, les jetées et les ports, créer de nouvelles sources de chaleur et de lumière, fabriquer des machines, tracer des chemins de fer, construire des navires à vapeur et tendre des câbles télégraphiques.

De telle façon, que la connaissance de la composition et de la structure de la terre, devient de plus en plus indispensable ; c'est l'étude de la Géologie qui enseigne où trouver tel ou tel minéral, qui apprend en quelle quantité il existe, et qui fournit les moyens par lesquels on peut l'obtenir. — Les minéraux et les métaux ne sont pas répandus uniformément dans la terre. Si la houille, le cuivre et le fer, par exemple, étaient disséminés partout, l'homme n'aurait qu'à creuser pour les avoir ; mais chaque substance a son lieu fixe, et son mode particulier d'occurence, et c'est la fonction du géologue de déterminer toutes les circonstances des gisements et de les décrire. Quiconque, donc, a affaire aux produits de la terre au point de vue soit économique, soit commercial, a besoin de posséder une certaine somme de connaissances géologiques, ne fût-ce que pour le rendre capable de comprendre et d'apprécier les découvertes et les descriptions des autres. — Quelques exemples serviront à rendre ceci plus clair.

D'abord, la fertilité des sols que nous cultivons dépend de leur composition et de leur texture. Cette composition et cette texture peuvent être naturellement stériles, et cependant susceptibles d'amélioration, par le simple mélange d'autres sols, par le drainage ou par des engrais minéraux. L'agriculteur qui connaît la nature de ses sols et

de ses sous-sols, et des roches sous-jacentes, est
donc certainement en meilleure position pour corriger leurs défauts par les mélanges, le drainage et
par les engrais, que celui qui ne peut ni juger de
la nature de ces sols, ni comprendre ce qui leur
manque. Les éléments des mélanges fertilisants
peuvent se trouver tous dans la même ferme, les
défauts de sa composition peuvent être corrigés
par l'application des engrais minéraux appropriés;
mais comment le fermier peut-il obtenir tous ces
renseignements nécessaires, si ce n'est par une
connaissance géologique de la nature des matériaux qu'il doit employer. — « Qu'il l'obtienne du
géologue, disent quelques-uns, et qu'il l'applique
empiriquement. » — Cela se peut, sans doute,
mais il vaudrait infiniment mieux que l'agriculteur
fût lui-même quelque peu au fait du sujet, et pût
séparer le bon grain de la paille de ses conseil-
leurs. Il n'y a aucun mystère dans les rapports
des sols et des sous-sols, dans leur composition et
leur texture. — Rien dont un homme d'intelligence
moyenne ne puisse facilement se rendre maître
même sans pénétrer bien avant dans l'étude de la
Géologie théorique ni dans les manipulations de
l'analyse chimique.

Deuxièmement, puisque la valeur d'une propriété dépend non moins de ses ressources minérales que de sa richesse agricole, l'*évaluateur de terre*, qui est incapable de déterminer le caractère de ses sols et sous-sols et qui ignore sa structure minérale, ne peut jamais rendre justice à son client. La connaissance de la structure géologique d'une propriété n'est pas moins nécessaire pour fixer sa véritable valeur, que ne l'est la connaissance de ses différents sols et de son climat, et il arrive souvent que faute de ces connaissances, les propriétés se vendent trop bon marché ou s'achètent trop cher. — De nos jours, où les produits agricoles s'écoulent si facilement, et où les métaux et les minerais rapportent des prix si élevés, on ne devrait jamais acheter ou vendre une propriété sans avoir fait un examen approfondi de tous les avantages qu'elle peut offrir, et cet examen ne peut se faire d'une manière satisfaisante que si, en outre des études du simple agriculteur, on a recours aux lumières du minéralogiste. Aucun agent, pour l'acquisition des propriétés, n'est digne de ce nom, s'il est incapable d'apprécier ce double aspect de la valeur des terres.

Quant à l'architecte, les connaissances géologiques ne lui sont pas moins utiles. Reconnaitre et apprécier la beauté et la durée de la pierre à bâtir et la facilité avec laquelle on peut la procurer et la tailler, sont de première importance en architecture. La pierre qui conserve sa couleur dans la campagne ouverte, peut la perdre dans l'atmosphère enfumée des villes, qui peut aussi dégrader rapidement des roches qui, soustraites à cette influence, résisteraient parfaitement à l'action des intempéries. Et ce ne sont pas seulement la construction et la décoration qui réclament l'intervention du géologue. Les mortiers, les ciments, les bétons des constructions prennent d'année en année plus d'importance et reçoivent de plus vastes applications; et comme les substances employées à la composition de ces matières se tirent toutes directement de la terre, la Géologie devient pour le constructeur un puissant auxiliaire en lui indiquant la nature et l'abondance des pierres de chaux, des sables, des graviers, à l'aide desquels il doit opérer. L'ignorance sur ces points est souvent la cause qu'on apporte de loin et à grands frais des matériaux qu'on pourrait facilement se procurer dans le voisinage immédiat des travaux, de sorte qu'on se livre à la fabrication artificielle de ciments et de mortiers hydrauliques, tandis que des pierres à chaux naturellement douées de l'hydraulicité demeurent inconnues et négligées,

Prenez ensuite le cas de l'ingénieur dont la fonction est de projeter et de construire des routes de terre et des chemins de fer, de creuser des tunnels, des ports et des docks, d'élever des jetées et des brise-lames, d'approfondir et d'élargir des lits de rivières et d'amener dans les villes les provisions d'eau. — Il est impossible de faire un pas dans aucune de ces opérations importantes sans se trouver en contact avec des phénomènes géologiques, de faire un plan qui ne dépende plus ou moins de la connaissance des roches ou même du mode de formation des rochers. — Il est vrai que l'ingénieur peut consulter des cartes géologiques et prendre des renseignements auprès des géologues de profession, mais, même avec ces aides, son travail sera faible et incertain, comparé à celui d'un homme qui peut étudier pour lui-même la structure géologique du pays. Et c'est simplement faute de ces connaissances géologiques que tant de nos travaux du génie civil ont été exécutés à de si énormes frais et d'une façon pécuniairement si peu satisfaisante pour leurs propriétaires.

Ces considérations s'appliquent avec autant au moins de force à l'ingénieur des mines, soit qu'il recherche parmi les roches stratifiées des substances tels que la houille, le minerai de fer, la pierre à chaux et l'argile réfractaire, ou qu'ils suivent des veines et des filons à la découverte des métaux et des minerais métalliques. — Dans les deux cas, une certaine connaissance de la Géologie est indispensable; et quoiqu'il soit vrai que les mines aient été largement exploitées avant que la Géologie eût pris la forme d'une science, néanmoins l'habileté pratique de celui qui reconnaît le mieux les successions des couches, les *dykes* et les dislocations, et d'autres phénomènes semblables, constitue une sorte de Géologie empirique, qui demande une aptitude d'observation et une expérience de généralisation qui ne sont pas moins réelles ni moins utiles que les déductions du géologue théoricien. Cependant plus les connaissances géologiques de l'ingénieur des mines seront étendues, mieux il sera préparé à lutter contre les difficultés qui se présentent inévitablement dans sa carrière ardue. — On peut ne pas toujours demander ses services dans le même district. — On voudra avoir recours à ses conseils dans d'autres régions où se rencontrent d'autres roches, d'autres successions, d'autres dislocations, et il pourra bien se trouver pris au dépourvu s'il ne possède, jusqu'à un certain point, les principes généraux de la Géologie. D'ailleurs, chaque année on utilise de nouvelles substances, et c'est le devoir de l'ingénieur des mines de se tenir au courant de tous ces progrès et de veiller à ce que rien, dans les *fouilles*, ne demeure inaperçu ou sans emploi. Aujourd'hui que l'on fouille toutes les régions du globe pour répondre aux besoins minéraux et métallurgiques de l'Europe et de l'Amérique, l'ingénieur peut compter sur un champ de plus en plus vaste pour les services qu'il est appelé à rendre, et ces services ne peuvent être vraiment précieux qu'en proportion des connaissances scientifiques qu'il y apporte. — Creuser des puits d'extraction et d'aérage est un art de première importance, mais savoir où creuser, quelle est la nature des minéraux qu'on recherche, leur mode de rencontre et les dislocations auxquelles ils peuvent avoir été assujettis, sont d'une importance égale, et nécessitent absolument une certaine familiarité avec la science de la Géologie.

Mais ce n'est pas seulement pour le fermier et pour l'ingénieur qu'une connaissance de la Géologie est importante : ses applications aux arts et aux manufactures sont directes et nombreuses, — au fabricant d'objets céramiques, au teinturier, au métallurgiste et au chimiste, au lapidaire et au joaillier, et même à l'ingénieur mécanicien. Le potier et le verrier tirent de la terre leurs ar-

giles et leurs sables, tous nos mordants minéraux se puisent directement ou indirectement à la
même source ; il en est ainsi de tous les métaux,
du combustible et de l'éclairage fossile, des pierres
meulières, à aiguiser et à moudre, des sels et des
terres salines, des joyaux et des pierres précieuses.
Enfin, il est fort peu d'arts et d'industries qui
ne dépendent plus ou moins des trésors minéraux
et métalliques de la terre, et certainement il est
fort utile pour ceux qui exploitent, à quelque titre
que ce soit, ces différents matériaux, d'avoir une
certaine connaissance de la structure et de la composition de la terre.

Nous ne demandons pas que les hommes pratiques pénètrent profondément dans les théories de
la Géologie, car cela est impossible, et même si
c'était possible, serait inutile ; mais une connaissance intelligente de la nature et de l'origine des
matériaux qu'ils manipulent quotidiennement, ne
peut être qu'un avantage et une source de satis-
faction, même quand le profit pécuniaire n'y ga-
gnerait rien.

La civilisation dépend principalement de la do-
mination que nous exerçons sur les forces oppo-
santes de la nature, et nulle force ne peut être
vaincue que par l'application d'une puissance plus

grande. — Physiquement, l'homme est faible et sans défense, armé de ses machines et de ses outils, il devient un titan. Privé de ses auxiliaires mécaniques, l'homme doit succomber devant les forces de la nature; entouré d'eux, il fait de ces forces des esclaves complaisants qui font tourner ses roues, élèvent ses poids, agitent ses lourds marteaux, rendent ses travaux faciles et le transportent lui-même avec rapidité à travers les terres et par-dessus les mers. Nos outils et nos machines les plus importants sont tirés du monde minéral ; la chaleur qui les met en mouvement, est prise dans la même source exubérante. Combien directe est donc notre dépendance vis-à-vis de la terre, et combien précieuse la connaissance de ses trésors minéraux et métalliques! Combien il est important que chaque art, chaque manufacture, sache quelque chose de l'origine et du caractère de la source où ils naissent !

Obtenir cette connaissance, d'une façon générale, n'est pas une tâche difficile. Il n'est nullement nécessaire que l'opérateur pratique soit versé en théories géologiques, en espèces minérales ni en déterminations paléontologiques. Il lui suffit de comprendre la succession iquoachouogie des formations rocheuses, de savoir le caractère général des couches dont elles se composent, les changements que ces couches ont subis, les superficies qu'elles recouvrent et les moyens à employer pour en tirer leurs produits. L'étude de n'importe quel manuel récent, la compréhension des cartes et des coupes géologiques, et la connaissance de la composition des produits particuliers dont il s'occupe, sont à peu près tout ce qu'il lui faut pour poursuivre sa tâche. Fortifié par ces connaissances essentielles, il pourra conduire ses opérations avec plus de certitude et courra moins de risque de se voir entrainé dans des spéculations et des expériences illusoires. Une fois bien renseigné sur le champ vaste et varié des produits géologiques, il cessera de se contenter d'approvisionnements locaux et restreints, tandis qu'il est si facile d'obtenir d'autres régions des substances moins coûteuses et plus faciles à manipuler.

Le but du présent traité est d'exposer simplement et méthodiquement les faits de la Géologie économique ou appliquée; chaque partie pourrait être étudiée séparément; cependant, pour obtenir une connaissance nette et suivie du sujet, il est désirable de parcourir le tout et surtout de lire avec soin les premiers chapitres consacrés aux

principes généraux et aux classifications de la
science. Lorsqu'il sera arrivé à bien comprendre l'arrangement chronologique des systèmes
et le caractère lithologique général des différentes formations, l'opérateur pratique sera
bien plus à même de comprendre la nature des
matériaux auxquels il doit spécialement s'inté-
resser.

Naturellement, le géologue pratique n'a à s'occuper que des matériaux bruts, — de leur nature,
de leur position et de leur abondance. Dès que ceux-ci
passent à la fournaise, à la cornue, à la fabrique,
ils se trouvent dans le domaine du métallurgiste,
du chimiste et du fabricant, dont les procédés et
les applications demandent d'autres connaissances
et d'autres lignes de recherches. Il est vrai que le
géologue ne peut être entièrement indifférent à
ces procédés et à ces applications; mais en même
temps, il faut se rappeler que sa fonction spéciale
est de découvrir les matériaux bruts, de déterminer
leur position et leur entourage, leur abondance et
les moyens de les procurer, et, généralement, de
les arranger et de les classer, — que ce soient des
minéraux ou des métaux, — de façon à reconnaître
leur variété, leur rareté ou leur exubérance dans
la croûte de la terre. En se bornant à cette fonc-

tion, le géologue peut fournir beaucoup de renseignements précieux sans empiéter le moins du monde sur le champ du technologiste, dont les méthodes sont principalement de nature chimique et mécanique.

CHAPITRE II

LA CROUTE ROCHEUSE

1. — SA STRUCTURE ET SA COMPOSITION

Tous les minéraux, tous les métaux dont l'industrie fait usage étant extraits de l'écorce terrestre, quelques connaissances de sa structure et de sa composition sont indispensables au géologue praticien. C'est pourquoi nous consacrerons ce chapitre à un court résumé de Géologie, plus spécialement relatif aux caractères physiques des roches et des minéraux, à la manière dont ils se présentent naturellement et à leur âge relatif. Avec un peu d'attention, tout lecteur intelligent se familiarisera aisément avec ces diverses particularités.

Roches stratifiées et non stratifiées. — La croûte externe du globe, dont l'étude constitue la Géologie tout entière, est composée de *roches*, et ce nom s'applique indistinctement à toutes les masses minérales suffisamment importantes par leur volume, qu'elles soient d'ailleurs dures ou tendres ou même incohérentes, qu'elles soient superficielles ou situées à de grandes profondeurs sous le sol. Les sables, les grès, les argiles les tourbes, les marnes, les combustibles minéraux, les calcaires, les minerais de fer, les laves, les basaltes, les granites, etc., sont des roches. Quels que soient leurs caractères minéralogiques, ces roches se présentent dans deux positions principales ; stratifiées ou en lits superposés et parallèles les uns aux autres, et non stratifiées, c'est-à-dire éruptives. D'après la disposition affectée par les substances minérales qui se déposent sous nos yeux dans les lacs, les estuaires et les mers, on conclut que les terrains stratifiés constituent des sédiments d'origine aqueuse ou, si l'on veut, qu'elles ont été formées sous l'eau. De même, l'allure des matières vomies par les volcans, conduit à voir dans les roches non stratifiées des masses d'origine ignée. Les poussières charriées par le vent, comme le sable des dunes, les dépôts chimiques, tels que les tufs calcaires, les assises d'origine organique, tourbes et lits coquilliers sont ordinairement compris au nombre des masses stratifiées, tandis que les pluies de cendres volcaniques et les autres produits irréguliers des éruptions, quoique disposés plus ou moins régulièrement en lits, sont décrits plutôt comme *stratiformes*. Généralement les roches sédimentaires sont formées par les débris de roches pré-existantes, ont une structure stratifiée, une texture relativement tendre et fragmentaire, et renferment souvent des restes fossilisés de plantes et d'animaux. Les roches éruptives, au contraire, sont amorphes ou quelquefois colonnaires, d'une texture uniforme et cristalline et ne renferment que bien rarement des débris organisés. Malgré ces caractères si nettement tranchés, il faut néanmoins noter l'existence de certaines masses ambiguës, brèches et conglomérats variés d'un côté et lits de cendres parfaitement stratifiés et fossilifères de l'autre.

A l'époque actuelle, des roches stratifiées se produisent dans tous les lacs, estuaires et mers, et des masses non stratifiées font éruption de tous les centres volcaniques. Et comme les forces (météoriques, aqueuses, organiques, chimiques et ignées) par lesquelles les anciennes roches ont été formées et les nouvelles reconstituées au moyen de leurs débris sont aussi persistantes que le système solaire lui-même où elles puisent leur énergie, le géologue est autorisé à concevoir la formation première de la croûte terrestre d'après les portions qui ont pris naissance dans les périodes suivantes. A ce point de vue, on reconnaît que la terre et la mer ont graduellement mais continuellement changé de place ; les produits minéraux de chaque changement nous donnent, outre la preuve de ces alternatives, une indication de l'aspect physique de notre globe aux différents âges de son histoire.

Situations relatives des roches. — Tout le monde sait que la croûte terrestre est composée de matériaux appartenant au règne minéral et auxquels on donne le nom de roches. On sait, en outre, que ces roches sont loin de présenter partout les mêmes caractères et d'être par conséquent susceptibles des mêmes applications. La partie principale de ce livre est destinée à faire connaître ces diverses particularités des roches.

Ce que nous devons faire ressortir ici, c'est que les roches ne sont pas disposées d'une manière quelconque dans l'épaisseur de la croûte du globe, et nous remar-

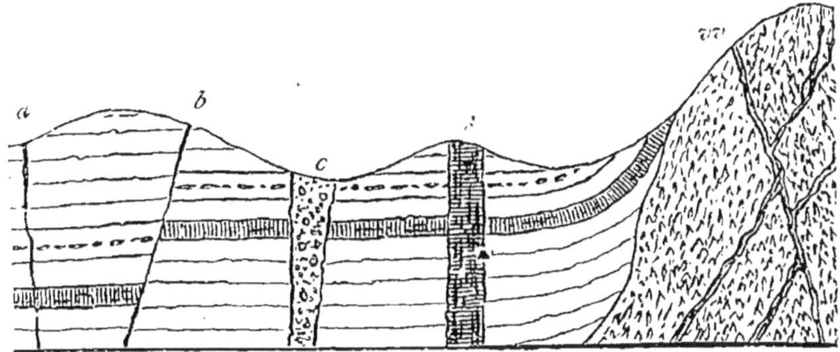

FIG. 1. — Situations relatives des roches. Roches de sédiment buttant contre les roches cristallisées (*w*) et traversées par une roche éruptive (*d*); — *a* et *b*, failles dont la seconde a déterminé le *rejet* des couches recoupées; — *c*, puits naturel.

querons que la conséquence directe du chapitre précédent est justement que les roches doivent être régulièrement disposées et appartenir à un certain nombre de classes différentes, caractérisées chacune par un mode particulier de formation (fig. 1).

En effet, la croûte s'étant solidifiée dans les conditions de température, de pression et d'humidité qui ont été décrites, il s'est fait une première *assise* universelle qui a servi de base à tout ce qui a pu se produire extérieurement par la suite.

Ce qui s'est ainsi produit provenait nécessairement, d'une part de la condensation des substances plus volatiles tenues en suspension jusque-là dans l'atmosphère, et d'autre part de la démolition par les agents externes des portions superficielles de la croûte : c'est ainsi que se sont formées les *roches* dites de *sédiment*.

Enfin, la croûte solidifiée s'est rompue çà et là, et, par les fissures produites, la matière fondue sous-jacente s'est injectée et, en se solidifiant, est venue nous

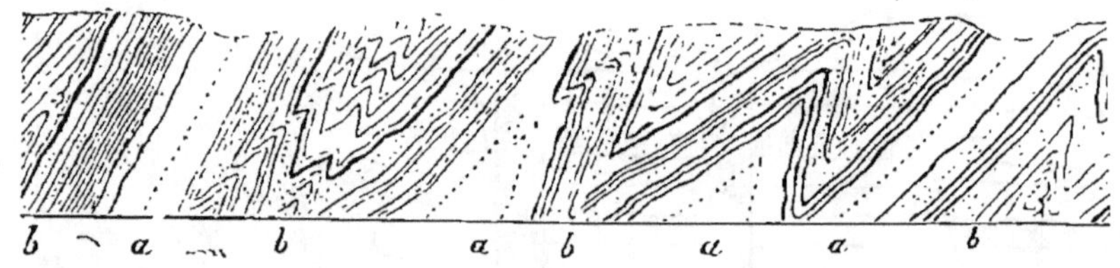

Fig. 2. — Exemple de contournement des couches stratifiées dans un pays de plaines (environs de Valenciennes).

apporter des spécimens des *roches* dites *éruptives*. En même temps, la croûte externe soumise à ces actions mécaniques souvent très-énergiques, s'est disloquée, s'est fendue de failles, et les strates se sont plus ou moins contournés. C'est ce que fait voir les fig. 2 et 3.

Structure des roches. — On entend par *structure* l'aspect que présente l'enchevêtrement, l'entrelacement des éléments d'une roche. Cet aspect dépend du volume respectif, de la figure, de la proportion et de la position réciproque des parties élémentaires. Il convient d'énumérer les principales structures qui peuvent

Fig. 3. — Exemple de contournement des couches stratifiées dans un pays de montagnes (Chaînes du Jura).

se rencontrer : 1° Une roche est dite *lamellaire* lorsque sa cassure offre de petites lamelles cristallines à peu près planes. Elle est *saccharoïde* lorsque, étant lamellaire, sa couleur blanche lui donne une apparence ana-

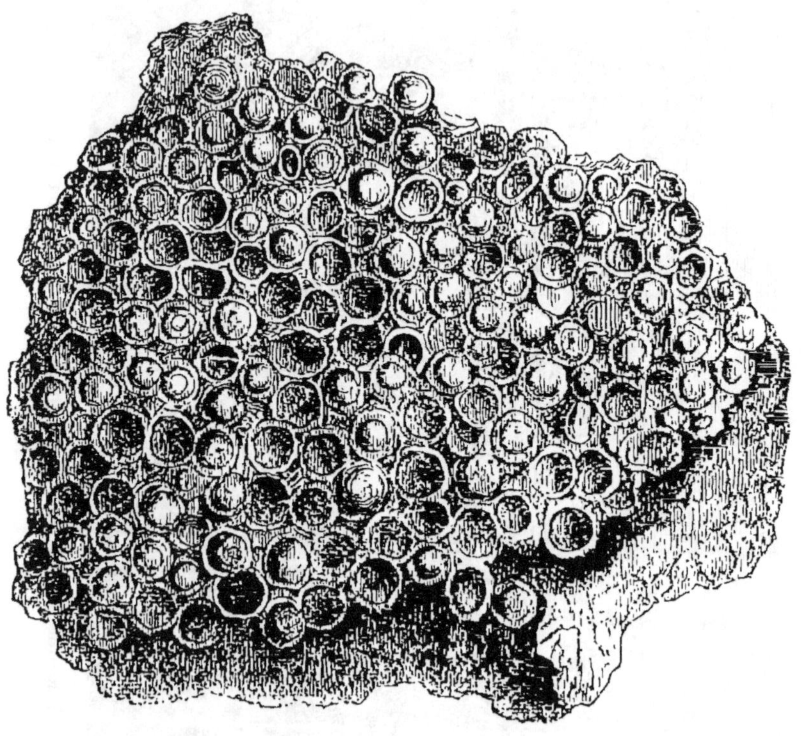

F IG. 4. — Calcaire oolithique ou globulaire déposé à une époque géologiquement récente par la source incrustante de Vichy.

logue à celle du sucre. — 2° Une roche *grenue* ou *granitoïde* est formée de grains distincts plus ou moins gros — 3° Une roche est *porphyrique* lorsqu'au milieu d'une pâte d'apparence homogène, on trouve des cristaux disséminés de feldspath ou des divers autres éléments qui constituent la roche. — 4° On la dit *porphiroïde*, lorsque étant grenue elle contient des cristaux disséminés plus volumineux que ceux qui forment la base de la roche.— 5° *Glandulaire*, quand, au milieu de la pâte, les cristaux, au lieu d'être disséminés en grains cristallins, se présentent sous forme de glandes ou de rognons glanduleux — 6° *Globulifère*, *globaire* ou *variolaire*, *amygdalaire* ou *pisolithique* ou *variolique*, lorsque la roche contient, disséminées dans la masse, des parties plus ou moins sphéroïdales (fig. 4). — 7° *Schistoïde*, lorsque la roche paraît formée de lits minces et quelquefois même de feuillets. — 8° *Compacte*, quand tous les éléments réduits à une valeur microscopique sont très-serrés dans le tissu de la roche. — 9° *Vacuolaire* ou *cellulaire*, lorsque la roche contient des cavités nombreuses.— 10° *Argiloïde* ou *terreuse*, lorsque le tissu est plus serré et poreux. — 11° *Vitreuse*, quand la roche présente l'aspect du verre. — 12° *Grésiforme* ou *arénacée*, quand la roche a l'aspect du sable agglutiné ou non. — 13° *Poudingiforme* ou *pséphitique*, quand elle a l'aspect de gravier agglutiné ou non. — 14° *Bréchiforme* ou *clastique*, quand elle est formée par la réunion de fragments anguleux.—15° *Zoogène* ou *phytogène*, quand elle résulte de l'agglutination des débris animaux ou végétaux (Ch. d'Orbigny).

Dureté et poids spécifiques des roches. — C'est encore à Ch. d'Orbigny que nous emprunterons les définitions relatives aux propriétés physiques des roches.

Le degré d'adhérence des roches solides fournit les caractères suivants : 1º La *dureté*, qu'on estime par le frottement, par le choc du briquet, par la rayure plus ou moins facile ou impossible à l'aide d'une pointe d'acier, etc. Ainsi, on dit qu'une roche est *extrêmement dure* (émeri), *très-dure* (quarzite), *dure* (petrosilex), *médiocrement dure* (calcaire), *tendre* (gypse, talcite), *friable* (tripoli). — 2º La *ténacité*, c'est-à-dire la résistance qu'une roche oppose à la rupture par le choc. Suivant qu'elle résiste plus ou moins au choc, une roche peut être *très-tenace* (euphotide, sélagite), *tenace* (pétrosilex, basalte), *peu tenace* (calcaire, trachyte), *fragile* (obsidienne, silex), *très-fragile* (lignite, houille). La ténacité d'une roche n'est point en rapport avec la dureté des éléments composants ou le mélange de parties dures et tendres produit ordinairement une grande tenacité ; c'est ainsi que le granite, dans lequel on trouve une certaine quantité de pinite (substance tendre), est plus tenace que le granite ordinaire, quoique moins dur. Le talc réuni au felspath et à la diallage produit le même effet dans certaines euphotides. Le silex, au contraire, est très-fragile, malgré sa grande dureté. — 3º La *flexibilité*, qui s'estime par la flexion, par la faculté que possèdent certaines substances minérales de pouvoir être courbées sans se briser. En général, les roches flexibles sont en même temps *élastiques*. Cette propriété tient surtout à une adhérence imparfaite et à un certain degré de porosité. En grand, toutes les roches sont élastiques, surtout celles qui sont poreuses et grenues, telles, par exemple, que plusieurs variétés de quartzite et de dolomie; les roches les moins flexibles le deviennent toujours plus ou moins si l'on expérimente sur des lames longues et minces. Le phénomène de la flexibilité des roches fut observé en grand quand on posa les colonnes du Panthéon, lesquelles sont construites en calcaire grossier des environs de Paris. Prony ayant visité les travaux de ce monument avant la pose de l'entablement du portique, fut étonné d'entendre dire par les ouvriers que les colonnes remuaient sur leur base : il constata qu'en effet un choc violent avec le pied suffisait pour faire osciller de 5 à 6 centimètres le sommet de ces énormes colonnes. Comme second exemple analogue, on peut citer le phare de Gatteville, entre Honfleur et Cherbourg. La tour de ce phare a un diamètre de 7 mètres à la base et de 5 mètres au sommet; elle a une hauteur d'environ 73 mètres et repose sur un piédestal de 11 mètres de côté sur 9 mètres de haut. Eh bien, durant les tempêtes, l'oscillation qu'on ressentait sur ce phare était effrayante dans les premiers temps. Elle s'est réduite, mais elle est encore parfois considérable.

Pour la *densité*, et tout en reconnaissant que ce caractère peut servir à la reconnaissance des roches, nous ferons remarquer qu'il est variable dans certaines limites à raison de la diversité des éléments composants, essentiels et accidentels, de façon qu'on ne peut l'exprimer exactement par un seul chiffre, pour une roche donnée. Il suffira de dire que la densité est dite :

Forte (au-dessus du triple de celle de l'eau);

Moyenne (entre le double et le triple);

Faible (au-dessous du double).

La densité de l'écorce terrestre se compose de la pesanteur spécifique moyenne de toutes les roches qui la constituent. Cette densité, comparée à celle de la totalité du globe terrestre, donne une notion importante, celle de la densité de la masse centrale (1).

Composition des roches. — Il suffit d'un examen très-superficiel pour constater que les roches sont les unes simples, les autres composées. Les premières, souvent désignées sous la dénomination de *roches homogènes*, sont formées d'éléments ou d'individus minéralogiques de nature uniforme. Les grès quartzeux, le sel gemme, le marbre grenu, peuvent être cités comme exemples de roches homogènes. Les roches composées, dites aussi *hétérogènes*, sont constituées par la réunion d'individus appartenant à diverses espèces minérales. Parmi ces roches, qui sont extrêmement nombreuses, nous pouvons citer le granite, la pegmatite, l'ophicalce, etc. Ajoutons que M. Cordier donnait le nom

(1) Nous croyons devoir renvoyer, pour ce sujet important de la densité interne de la terre, à notre *Cours de géologie comparée, professé au Muséum d'histoire naturelle.* In-8°, Paris, Didot, 1874 (note du traducteur).

de roches *surcomposées* à celles qui, comme la brèche universelle d'Egypte, par exemple, sont formées de fragments appartenant à des roches diverses, composées elles-mêmes.

La considération relative à la composition d'une roche doit se diviser en deux, suivant qu'elle a trait au volume ou à la nature des parties élémentaires ou, pour parler avec plus de précision, des *individus minéralogiques* qui la constituent.

En général, ces individus minéralogiques sont fort petits, et souvent même d'un volume inappréciable à l'œil nu. Comme le fait remarquer M. d'Orbigny, les plus grands cristaux connus offrent un volume d'environ 1 mètre, et il n'y a que le cristal de roche qui présente ces dimensions gigantesques. Ces colosses minéralogiques ne sont dus qu'à des circonstances accidentelles; d'ordinaire, les plus gros individus sont infiniment plus petits. Ainsi, la tourmaline forme rarement des cristaux de 16 centimètres de longueur; le grenat atteint quelquefois la grosseur de la tête. Mais, nous le répétons, ce sont là des faits complétement exceptionnels, et le plus souvent les cristaux contenus dans les roches, et qui, d'ordinaire, n'offrent que des formes fragmentaires plus ou moins irrégulières, sont microscopiques ou submicroscopiques. Dans certaines roches, le volume des parties minérales élémentaires échappe aux instruments grossissants les plus perfectionnés; ainsi, de quelque manière que l'on s'y prenne, il est jusqu'ici impossible de distinguer les dernières parties indivisibles de l'argile, de la marne, du silex, comme aussi des masses vitreuses qui résultent du refroidissement de certaines laves, comme l'odsidienne et la gallinace.

Sous le rapport des parties individuelles, on peut

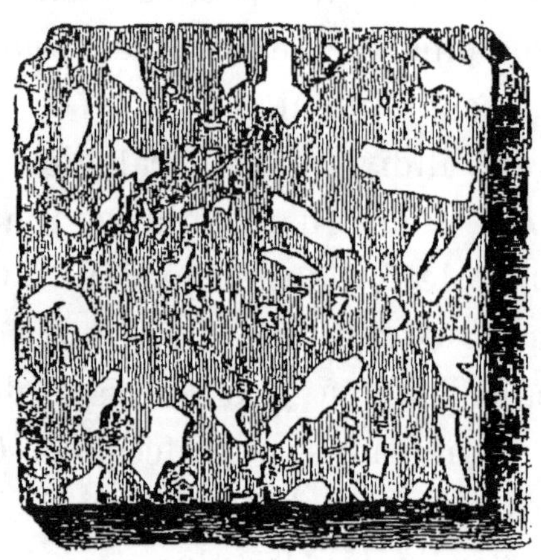

Fig. 5. — Plaque polie de mélaphyre montrant la pâte compacte de la roche et les cristaux de feldspath et de pyroxène qui y sont disséminés.

distinguer : 1° les roches *phanérogènes* (c'est-à-dire dont les parties sont apparentes et discernables à l'œil nu (le granite); 2° les roches *adélogènes* dont le volume des parties est caché et invisible (basalte, pétrosilex); 3° les roches, partie adélogène et partie phanérogène ; telles sont les mélaphyres composées d'une pâte compacte avec cristaux discernables et reconnaissables à l'œil nu (fig. 5).

La simplicité de composition que présentent à première vue les roches adélogènes, n'est souvent pas réelle. De là cette illusion, qui, anciennement, a fait introduire à tort plusieurs de ces roches adélogènes comme espèces proprement dites dans la méthode minéralogique ; telles sont les fausses espèces minérales nommées trapp, cornéennes, basalte. On sait depuis longtemps maintenant que cette dernière roche, par exemple, renferme trois minéraux essentiels distincts, le feldspath labrador, le pyroxène augite et le fer oxydulé titanifère, plus, un minéral accidentel très-fréquent, le péridot.

Sous le rapport de la nature des parties individuelles des roches, on peut distinguer autant de compositions qu'il existe de mélanges naturels en y ajoutant, bien entendu, le nombre, assez considérable du reste, des roches simples.

Dans ces derniers temps, on a appliqué à la détermination des roches la méthode dichotomique, précédemment employée en minéralogie et plus anciennement en botanique et en zoologie. Un petit nombre de pratiques simples permettent aussi, dans la plupart des cas, de reconnaître une roche dont on possède un petit échantillon (1).

(1) Voy. le *Cours élémentaire de géologie appliquée ; lithologie pratique*, de M. Stanislas Meunier. 1 vol. in-8°.

2. — ARRANGEMENT CHRONOLOGIQUE DES FORMATIONS ROCHEUSES

Il ne suffit pas de déterminer la manière d'être, la structure, la texture et la composition des roches ; le géologue doit chercher à déterminer leur âge relatif, c'est-à-dire leur succession dans le temps et leur rang parmi les diverses assises de l'écorce terrestre, de façon à pouvoir déterminer leur étendue, leur épaisseur et leur abondance. Dans cette tentative il est puissamment aidé par trois considérations : l'ordre de superposition, la composition minéralogique et la présence des fossiles. Dans toute série de dépôts, il est évident que le plus profond est nécessairement le plus ancien, et que ceux qui lui sont superposés doivent être considérés comme situés suivant l'ordre chronologique lui-même. Il est aussi vrai, la plupart du temps, que les strates les plus anciennes et les plus profondes ont subi des changements minéraux internes par suite de la pression, des mouvements intérieurs et d'autres agents de modifications. Guidé dans ses déterminations par ces trois points de vue, le géologue est arrivé à ranger les roches stratifiées en une série chronologique ; c'est-à-dire en formations, groupes et systèmes, depuis les dépôts en voie actuelle d'édification jusqu'aux assises les plus profondes ou les plus anciennes de l'écorce terreste. Ayant réussi dans cette première direction, il a cherché à réaliser une classification analogue pour les roches non stratifiées ou ignées, étant guidé dans sa tentative par l'âge des roches traversées par les éruptions rocheuses, par la nature des fragments empâtés dans les masses sorties des profondeurs, et enfin par la manière dont diverses éruptions se recoupent et se rejettent réciproquement.

Classification des dépôts stratifiés. — Dans cette classification des dépôts stratifiés, nous comprendrons sous le nom de *formations* toute série de couches déposées sur la même surface par un lac, un estuaire ou une mer donnés; et c'est pourquoi nous pouvons distinguer des formations lacustres, saumâtres ou marines. Un *groupe* réunit un ensemble de couches ayant divers caractères paléontologiques ou lithologiques communs, quoiqu'elles puissent faire partie les unes de formations d'eau douce, les autres de formations marines. Enfin, un *système* renferme les groupes ayant le même faciès général quant aux fossiles qu'ils contiennent. Ceci posé, il suffit de jeter un coup d'œil sur le tableau suivant pour en comprendre tous les détails.

TABLEAU SYNOPTIQUE DES TERRAINS STRATIFIÉS

GROUPES.	SYSTÈMES.	
Récent......................	Post-tertiaire.	
Post-pliocène...............		
Pliocène supérieur..........	Pliocène.	Tertiaire ou kaïnozoïque
Pliocène inférieur..........		
Miocène.....................	Miocène.	
Eocène supérieur............	Eocène.	
Eocène moyen................		
Eocène inférieur............		
Assises de Maëstricht....... .	Crétacé.	
Craie blanche supérieure.....		
Craie blanche inférieure......		
Grès vert supérieur..........		
Gault.......................		
Grès vert inférieur..........	Jurassique.	Secondaire ou mésozoïque
Argiles et sables de Weald..		
Couches de Purbeck.........		
Calcaire de Portland........		
Argile de Kimmendge........		
Coral Rag..................		
Oxfordien..................		
Grande oolithe		
Oolithe inférieure..........		
Marnes et schistes du lias....		
Calcaires du lias............		
Marnes irisées..............	Trias.	
Muschelkalk................		
Grès bigarré...............		
Calcaire magnésien.........	Permien.	
Grès rouge.................		
Coal measures.............	Houiller.	Primaire ou palœozoïque.
Grès houiller..............		
Calcaire carbonifère........		
Grès et calcaires	Devonien.	
Grès et poudingues.........		
Calcaires supérieurs et argiles	Silurien.	
Phyllade inférieurs et grès...		
Phyllade, grès et schistes....	Cambrien.	
Schistes, quartzites serpentines	Laurentien.	
Schistes cristallins...........	T. primitif.	Azoïque.

La place nous manque pour donner ici les caractères des divers terrains qui viennent d'être énumérés ; on les trouve d'ailleurs dans tous les traités de Géologie et grâce aux détails que nous aurons à faire connaître plus loin, quant aux substances utilisables que chaque groupe fournit aux arts et à l'industrie, nous aurons à revenir sur les principaux d'entre eux.

Classification des roches non stratifiées. — Il en est des roches ignées comme des terrains stratifiés ; chaque grand groupe a ses caractères distinctifs et, quoique peut être moins nettement défini, chacun d'eux est suffisamment distinct pour être reconnu sur le terrain. Ces groupes sont au nombre de trois tout à fait principaux qui comprennent les roches *volcaniques*, les roches *trappéennes* et les roches *granitiques*.

Les roches volcaniques sont généralement associées avec les formations stratifiées les moins anciennes, et consistent en trachytes, laves compactes ou vacuolaires, scories et autres produits analogues, présents à la fois dans les volcans récents et actifs, et dans les volcans anciens et éteints. Elles s'élèvent sous forme de collines rocheuses et desséchées plus ou moins coniques et cratériformes, et elles sont peut-être plus fréquemment groupées autour d'un centre commun que disposées suivant une direction linéaire ou axiale. Les cônes de l'Etna et du Vésuve, ainsi que nos collines cratériformes de la France centrale (fig. 6), sont des exemples bien connus de formations volcaniques.

FIG. 6. — Le Puy-de-Dôme et les cônes volcaniques voisins ; association des trachytes en dômes avec les scories amoncelées en cratères et les laves étalées en coulées.

Les roches trappéennes, ainsi nommées à cause de l'aspect en terrasses superposées de beaucoup des pointements qu'elles constituent (du mot suédois *trappa*, escalier), consistent en mélaphyres, basaltes, eurites, porphyres, amygdaloïdes, tufs, etc., et sont en général associées avec les couches secondaires ou primaires. Elles s'élèvent ordinairement en chaînes de collines plus ou moins prolongées qui, sous l'influence longtemps continuée des agents de dénudation, ont acquis des caractères de corrosion et d'usure qui donnent au paysage un aspect des plus pittoresques et tout spécial : les basaltes et les mélaphyres les plus durs se dressent avec des formes anguleuses au milieu des couches mollement ondulées de tufs et des cendres éboulées. La terre végétale à laquelle ces roches donnent naissance, étant des plus fertiles, contribue à donner aux sites trappéens un charme tout particulier par le contraste de la végétation la plus luxuriante en contact avec les roches les plus âpres.

Enfin les roches granitiques, c'est-à-dire la série des masses ignées les plus anciennes, comprennent outre le granite, les syénites, les porphyres et les nombreuses roches analogues. Elles sont cristalisées et massives, et constituent le noyau ou l'ossature du globe terrestre. C'est ce qu'on reconnaît dans l'axe des chaînes montagneuses les plus anciennes et les plus élevées où elles ont soulevé les roches métamorphiques et les roches stratifiées jusqu'à de grandes hauteurs.

Cartes et coupes géologiques. — La surface d'un pays donné, en la supposant débarrassée de la terre végétale, des détritus superficiels et des remblais tant naturels qu'artificiels, montrerait à nu l'ensemble des affleurements des terrains qui constituent le sol géognostique. L'observation a toujours prouvé que ces affleurements, loin de se dessiner d'une manière irrégulière et embrouillée, suivent au contraire, dans leur disposition des lois simples, et sont coordonnées à un grand fait, comme le remplissage d'un vaste bassin où le soulèvement d'une chaîne de montagnes. En général, vus en grand, ils offrent la forme de zônes parallèles, soit aux bords du bassin, soit à la direction de la chaîne observée. Ces affleurements, lorsqu'ils ont été suivis et délimités avec soin par un géologue expérimenté, peuvent être tracés et coloriés sur une bonne carte ordinaire qui devient alors une *carte géologique.*

Il arrive souvent que les cartes géologiques indiquent l'ordre probable de superposition des terrains qui y sont figurés, mais elles ne nous apprennent rien sur la structure intérieure, ni sur l'inclinaison et sur les inflexions ou glissements des couches. Pour représenter ces caractères et pour montrer clairement les éléments du sol dans leurs véritables relations, il est indispensable de joindre aux cartes, des coupes soit générales, soit particulières. — Pour les obtenir, on suppose la contrée dont il faut représenter la constitution intérieure coupée par un plan vertical dans une direction convenablement choisie. Lorsqu'il s'agit d'une coupe générale, on adopte ordinairement la direction perpendiculaire à celle des zônes de la carte qui sont presque toujours elles-mêmes parallèles à l'ensemble de la stratification. C'est cette coupe qu'il s'agit de rapporter sur le papier. Dans quelques contrées qui offrent naturellement des représentations de ce genre, comme les falaises maritimes, par exemple, l'opération ne souffre aucune difficulté, puisqu'il suffit alors de les copier, en les réduisant à de plus petites dimensions. Mais le plus souvent, le sol ne présente que des rudiments de coupes dans les ravins, les écorchures, les carrières ; c'est alors que le géologue a besoin de toute sa sagacité et des connaissances qu'il doit avoir acquises sur le pays afin de suppléer mentalement à l'exiguïté des moyens directs d'observation. Quant au tracé topographique, il lui est donné par les cotes de hauteur et par l'étude du relief. Les terrains se marquent sur les coupes par des couleurs conventionnelles qui doivent se rapporter à celles déjà adoptées pour la carte géologique.

BIBLIOGRAPHIE

LYELL : *Éléments de géologie.* — DANA : *Manuel de géologie.* — JUKE : *Manuel de géologie.* — PAGE : *Précis de géologie.* — TATE : *Traité rudimentaire de géologie.* — LEYMERIE : *Éléments de minéralogie et de géologie.* —

VEZIAN : *Prodrome de géologie.* — CONTEJEAN : *Géologie et paléontologie.* — COQUAND : *Traité des roches.* — STANISLAS MEUNIER : *Lithologie pratique.* — C. D'ORBIGNY : *Traité des roches.* — RAULIN : *Géologie de la France.* — BURAT : *Géologie de la France.* — JANNETTAZ : *Les Roches.*

CHAPITRE III

GÉOLOGIE ET AGRICULTURE

Les relations entre la Géologie et l'agriculture sont directes et immédiates ; la nature et la composition des sols, leur perfectionnement par les amendements et par le drainage, et leur enrichissement par les engrais minéraux étant des sujets sur lesquels les cultivateurs et les fermiers peuvent à chaque instant recevoir des géologues des lumières précieuses. Un sol peut être défectueux quant à sa composition ou quant à sa structure, et il peut se faire que les substances propres à son perfectionnement se trouvent sur certains points de la même ferme. La question des drainages dépend beaucoup de la nature des sous-sols et des roches sous-jacentes ; enfin, des substances ayant une valeur comme amendement peuvent être cachées à la vue et par conséquent non soupçonnées par le fermier.

Sur de pareils points, le géologue peut rendre des services considérables. Il est vrai que la portée agricole de la Géologie a été quelquefois exagérée, mais il est également certain que les chances de succès sont du côté du fermier, dont la pratique est dirigée par la connaissance des faits et des principes qui constituent le fondement de son art. Et ce n'est pas pour le fermier seul, mais pour le pays en général, qu'il est désirable que les données scientifiques règlent l'agriculture pratique.

En France, nous ne pouvons cultiver qu'une portion du territoire, le reste étant, d'après sa structure et à cause de son climat, impropre à l'exploitation agricole ; il en résulte la nécessité de faire rendre le plus possible à la région seule utilisable.

Dans le présent chapitre, nous appellerons l'attention : 1° sur les caractères géologiques des sols et des sous-sols et sur la possibilité de leur perfectionnement continu par le mélange et par le drainage ; 2° sur les amendements et engrais minéraux que l'agriculture moderne a appliqués avec tant de succès.

1. — SOLS ET SOUS-SOLS.

On entend par *sol arable* la couche supérieure de terre végétale, celle dont la culture tire les récoltes. En général, on trouve entre cette couche et la roche vierge qui forme le terrain géologique au point considéré, deux lits plus ou moins nets qui représentent manifestement des états inégalement avancés de cette dernière (fig. 7). La plus supérieure est généralement désignée sous le nom de *sous-sol*.

Le *sous-sol* consiste en une sorte de terre végétale où

manque en grande partie la matière organique, mais où abondent, par contre, les pierrailles de plus en plus grosses à mesure qu'on creuse davantage.

Plus bas que le sous-sol et avant la roche vierge,

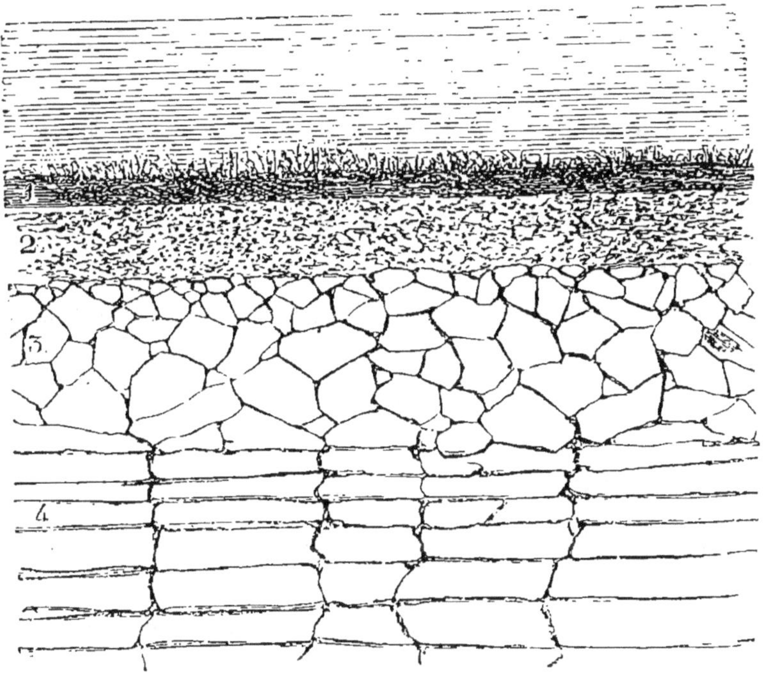

Fig. 7. — Situation ordinaire de la terre végétale (1) par rapport au sous-sol (2), à la roche désagrégée (3) et à la roche vierge (4). (Coupe prise aux environs de Paris.)

vient une couche formée pour ainsi dire de la réunion des pierrailles dont nous venons de parler et qui, devenant progressivement de plus en plus volumineuses, passent peu à peu aux bancs continus qui les supportent.

Sols de désagrégation. — En présence de la disposition relative du sol et du sous-sol qui vient d'être décrite, il est manifeste que la terre végétale résulte, au moins dans la plupart des cas, de la réduction de la roche dure en fragments de plus en plus ténus qui se mélangent de matières organiques dérivant de la décomposition des plantes.

Les modifications éprouvées par les minéraux constitutifs des roches ne proviennent d'ailleurs pas seulement d'un changement survenu dans l'état moléculaire de leurs éléments. Leur nature chimique est profondément altérée ; certains principes sont exclus.

Par exemple, les feldspaths, dans lesquels il entre de la potasse et de la soude, abandonnent la presque totalité de ces alcalis en passant à l'état de kaolin. C'est ce qui ressort de la comparaison des analyses de ces deux minéraux. Indépendamment de l'alcali éliminé, on remarque en outre que, dans le kaolin, la proportion de l'alumine, relativement à celle de la silice, est beaucoup plus grande que dans le feldspath non décomposé, ce qui montre que de l'alcali et de la silice ont été enlevés. On pourrait croire que la potasse a contribué à l'élimination de la silice en formant un silicate soluble, mais la décomposition des feldspaths n'est qu'un cas particulier de ce genre de décomposition.

Ebelmen, dans un mémoire d'une très-haute portée géologique, a rendu extrêmement probable que l'acide carbonique de l'atmosphère est l'agent le plus actif de la destruction des silicates appartenant aux roches cristallines. La potasse, la soude, la chaux, la magnésie passent à l'état de carbonate ; la silice, primitivement combinée avec ces différentes bases, est mise en liberté, et l'on sait que lorsqu'elle est dans un grand état de division, elle est très-sensiblement soluble ; c'est principalement dans cette solubilité qu'il faut chercher la cause de sa disparition. Les carbonates formés sont dissous ou entraînés ; à mesure que le silicate s'altère, il se rapproche de plus en plus de la nature de l'argile, silicate d'alumine susceptible de se combiner avec une forte proportion d'eau en donnant un composé plastique, mais absolument insoluble.

Par conséquent, dans le cas de la décomposition dont nous nous occupons, l'argile restera comme un jalon, comme un point de repère propre à faire reconnaître quelles ont été la nature et les quantités des principes éliminés.

Sols de transport. — En général, les produits résultant de la désagrégation des roches ne restent pas, comme il vient d'être dit, en contact avec les assises d'où ils proviennent. Les eaux qui ruissellent de toutes parts à la surface de la terre, ou qui circulent dans ses fissures, les charrient et donnent lieu à la formation des alluvions (alluvions proprement dites et alluvions verticales) qui s'accumulent soit sur les pentes des collines peu escarpées (fig. 8), soit dans le fond des vallées et des plaines les plus larges.

Le mélange d'espèces minéralogiques diverses fait de ces alluvions la base d'excellentes terres végétales, dites de *transports*. D'abord la végétation y réussit avec peine ; des plantes, auxquelles leur complexion permet de vivre en grande partie aux dépens de l'atmosphère et qui ne demandent pour ainsi dire à la terre qu'un appui, s'y fixent si le climat est favorable ; les

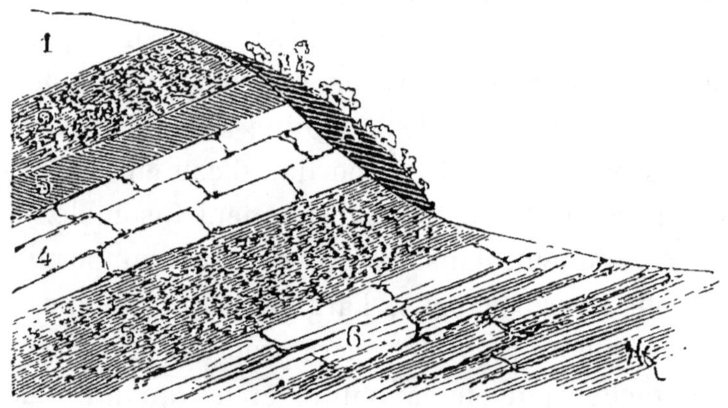

F ɪɢ. 8. — Situation d'un sol de transport A (Lœss), par rapport à des assises (de 1 à 6), de terrains stratifiés faiblement inclinés et venant affleurer sur la pente d'un coteau.

cactus et les plantes grasses dans les sables, les mimosas, les prêles sur les graviers ; ces plantes laissent, après une chétive existence, des débris utiles aux générations suivantes. La matière organique, en s'accumulant avec le temps dans ces sols ingrats, les rend de moins en moins stériles. Le type par excellence de ces terres de transport est le lœss, dont la formation remonte à l'époque glaciaire et qu'on observe en placages sur toutes les formations.

Fertilisation des sols par leur mélange mutuel.
— Les divers sols variant, comme il vient d'être dit,
pour la composition comme pour les propriétés on
prévoit qu'ils ne soient pas tous cultivables ou fertiles.
Dans ce cas, on peut quelquefois corriger leurs défauts
en les mélangeant ensemble : un sol trop léger et un
sol trop compacte donnent par leur association une
terre convenable, etc.

Prenant un bon lœss (composé, comme on sait,
d'argile, de sable, de calcaire et de matière organique),
comme le type de la terre productive, nous trouvons
certains sols trop sableux et légers, d'autres trop argileux ou lourds. Les sols sableux, quoique actifs,
sont bientôt épuisés et sont sujets à la stérilité dans
la saison sèche ; et les sols argileux, quoique souvent riches et capables de condenser l'ammoniaque
de l'air, passent dans la saison pluvieuse à l'état de
pâte impossible à travailler. C'est ainsi que certains
sols ont trop de cohésion, tandis que d'autres n'en
ont pas assez ; certains trop peu d'un élément donné,
et d'autres un excès du même élément. C'est le
devoir de tout agriculteur éclairé de corriger ces différences par les mélanges et d'amener son sol aussi
près qu'il le peut des conditions normales d'une culture aisée et productive.

Drainage. — L'usage d'assainir les terres trop humides par des fossés d'assèchement à ciel ouvert se perd
dans la nuit des temps. Mais ce n'est que récemment

qu'on a imaginé les rigoles couvertes, au fond desquelles sont placés des tuyaux de conduite en terre cuite pour débarrasser les terrains imperméables de l'excès des

FIG. 9. — Installation d'un drainage. Placement des tuyaux en terre cuite perméable (drains) au fond de la rigole.

eaux pluviales (fig. 9). Les Anglais, qui ont appliqué les premiers ce système sur une grande échelle, lui ont donné le nom de *drainage* qu'il porte maintenant. Le drainage a eu un grand succès en Angleterre ; il a passé sur le continent, où il a été préconisé et appli-

qué sur une très-large échelle. Il paraît avoir donné de
meilleurs résultats dans le nord que dans le midi de la
France. La place nous manque d'ailleurs pour décrire
les procédés à l'aide desquels on dispose les tuyaux
dans une terre qu'on veut drainer, et dont l'un est indiqué par la figure ci-dessus.

2. — ENGRAIS MINÉRAUX.

Sous ce titre, nous réunissons les substances fertilisantes extraites de la croûte du globe, qualifiées
de *minérales* pour les distinguer des fumiers de
ferme et des résidus organiques d'origine animale
ou végétale, et dont l'agriculture tire aussi un grand
parti. Ces engrais minéraux jouent un grand rôle
dans l'agriculture moderne ; d'ailleurs, quoique dits
minéraux, beaucoup d'entre eux, comme la tourbe,
la marne, la craie, les coprolithes, le guano, etc., doivent leur origine à des agents organiques et ont
été simplement minéralisés par voie de fossilisation
avant d'entrer dans la constitution de la croûte rocheuse.

Bien que le sol d'une exploitation rurale puisse être
très-habilement perfectionné par les mélanges dont
nous avons parlé précédemment et par le drainage,
néanmoins, il ne peut pas continuer indéfiniment à
produire des récoltes sans l'addition d'engrais. Toutes
les récoltes, comme on peut s'en assurer en analysant

leurs cendres, prennent beaucoup de matières minérales au sol sur lequel elles croissent. Avec le temps,
ces substances minérales sont progressivement enlevées du sol, et la plante, privée alors de sa nourriture
appropriée, cesse de prospérer. Maintenir le taux nor-
mal de la fertilité est le but principal qu'on poursuit
en faisant usage d'engrais et d'amendements ; et tout
ce qui contribue à rétablir dans le sol, à un état convenable de solubilité, les éléments enlevés par les plantes,
devient un engrais. Il faut noter que les plantes
ne se nourrissent que par les spongioles de leurs racines et ne s'assimilent par conséquent que des substances à l'état de dissolution.

Les engrais et amendements tirés du règne minéral sont très-nombreux ; les plus abondants et par conséquent les plus importants sont charbonneux, calcaires ou salins. Ils fournissent aux végétaux le carbone,
la silice, la chaux, la soude, la potasse et d'autres éléments essentiels.

Les diverses cultures exigent naturellement des engrais différents, et ce qui produit sur l'une d'elles des
effets remarquables peut être sans action sur un autre. Toutefois la manière de les employer sort de notre
sujet ; nous n'avons ici à nous occuper que de la nature, de la situation géologique et de l'abondance de
chacune des substances dont l'efficacité agricole a été
constatée.

Engrais charbonneux. — Au premier rang des

engrais charbonneux, nous avons à mentionner la tourbe, très-abondante comme dépôt superficiel et occupant des situations diverses dans tous les pays tempérés et froids. En France, nous avons plusieurs régions tourbeuses dont la vallée de la Somme peut fournir le type. On connaît les tourbières de l'Irlande, celles de l'Islande, des Etats-Unis, etc.

On sait que la tourbe résulte exclusivement de l'accumulation de débris végétaux plus ou moins défigurés par une décomposition spéciale et par la compression. La tourbe utilisée en agriculture est surtout celle que forment les couches les plus profondes des tourbières, et les Anglais les distinguent du combustible superficiel (*turf*) par un nom spécial (*peat*). Une fois extraite et exposée à l'air, elle se convertit en une poudre noire, et dans cet état, soit seule, soit mélangée avec la chaux vive, elle a été appliquée avec profit à l'amendement des sols trop argileux. On a fait aussi des mélanges avec le fumier de ferme, dont elle retient par absorption l'ammoniaque, sans cela trop rapidement dégagée.

Les *lignites*, et spécialement les lignites tertiaires, tels qu'on en exploite dans les cendrières de l'Aisne (fig. 10), de l'Oise, de la Marne, etc., peuvent, quand ils ne sont pas trop pyriteux, être employés de la même façon que la tourbe compacte.

La poussière de houille est quelquefois aussi, dans les districts charbonneux, ajoutée aux terres argileuses

FIG. 10. — Carrière de lignite pyriteux (cendrière) du département de l'Aisne.

trop froides, mais en général on n'en retire que peu de résultat; au contraire, les cendres de houille, le coke poreux des cornues à gaz, et surtout le noir de fumée et la suie, ont souvent donné lieu à des effets merveilleux. Il faut ajouter que leurs propriétés fertilisantes sont dues bien moins au charbon lui-même qu'à l'ammoniaque, au sulfate de chaux, à l'acide azotique et à d'autres corps qui lui sont associés.

Engrais calcaires. — La *marne* est employée sur une grande échelle pour les besoins de l'agriculture, et l'on donne le nom de *marnage* à l'opération qui consiste à appliquer cette roche aux sols cultivables.

Les différentes sortes de marne ayant des propriétés diverses, elles sont par cela même plus ou moins efficaces pour l'amendement de tel ou tel sol; il importe donc de connaître ces propriétés afin d'en tirer le parti le plus avantageux. La proportion de calcaire contenue dans la marne varie depuis 15 jusqu'à 60 0/0; le reste est le plus souvent de l'argile, quelquefois du sable siliceux. Or, comme en général la marne n'agit chimiquement dans le sol que par le calcaire qu'elle lui apporte, on comprend combien il importe d'en connaître la composition.

Outre l'action chimique de son calcaire, la marne a une action mécanique sur le sol, soit par l'argile qu'elle contient et qui donne de la consistance à la terre, soit par le sable siliceux qu'elle recèle quelquefois et qui, au contraire, l'ameublit; ainsi, la marne argileuse, indépendamment de son calcaire, sera plus propre aux terres sableuses, et la marne siliceuse conviendra mieux aux terres fortes et humides.

La marne la plus riche en calcaire est regardée comme la meilleure pour les amendements, l'action en est plus générale et plus puissante. Une marne peut être considérée comme riche lorsqu'elle contient de 40 à 50 0/0 de calcaire. Dans cet état elle convient particulièrement aux sols argileux. On doit la répandre en moins grande quantité sur les sols sablonneux, où les effets en sont d'ailleurs moins durables et moins efficaces.

Outre les propriétés que nous venons de signaler, quelques marnes se distinguent par un autre principe fertilisant qu'on suppose provenir de certaines matières organiques. « D'après des recherches qui me sont communes avec M. Payen, dit M. Boussingault, il est à présumer que la marne agit encore utilement sur le sol en lui apportant un autre principe qui appartient par sa nature aux engrais organiques. Du moins, des analyses faites sur plusieurs substances marneuses y ont indiqué la présence de matières azotées. Et cela n'a rien qui doive surprendre quand on réfléchit aux circonstances géologiques dans lesquelles les dépôts marneux se sont formés. J'ai dit que les calcaires argileux répondent par leur âge aux formations les plus récentes; souvent ils sont accompagnés de nombreux débris qui attestent la présence des êtres organisés, et l'on connaît plusieurs de ces dépôts qui se sont formés presqu'en totalité de détritus de coquilles : tel est le falun exploité en Touraine. Il n'y a donc rien que de très-naturel à ce que des masses minérales d'une semblable origine renferment une partie des éléments qui constituaient la substance organisée des animaux et des plantes qui ont été enfouies à l'époque où elles se sont déposées. Une marne de l'Enguy (Yonne), recueillie par M. de Gasparin, a donné à l'analyse 0,012 d'azote. Une autre variété du département du Bas-Rhin en contient plus de 0,001. La recherche des matières organiques azotées doit donc s'ajouter à celle qui a pour objet la détermination des substances minérales, et il est possible que cette matière azotée contribue à l'action fertilisante vraiment extraordinaire produite par les marnes de certaines localités.

Le marnage se fait ordinairement vers la fin de l'automne. Il s'exécute à peu près comme le chaulage, c'est-à-dire qu'on dépose la marne en petits tas également espacés, elle se réduit en poussière avant la saison du labour. Alors on la répand sur le sol d'une manière égale, après quoi on herse fortement et l'on pratique plusieurs labours peu profonds. Il est important, dans ces opérations successives, de bien dresser la marne afin de mieux l'incorporer au sol.

Lorsque la marne sort du sein de la terre, elle est encore en fragments, mais elle a la propriété de se réduire en poudre par l'effet des influences atmosphériques. On ne l'emploie d'ailleurs qu'après un séjour d'un ou de deux ans près de la marnière, de sorte qu'elle est déjà brisée en grande partie quand on la transporte sur le sol que l'on veut fertiliser.

Il n'est guère possible d'indiquer d'une manière précise la quantité de marne nécessaire à l'amendement d'une surface donnée; cependant on pose généralement en principe que les terres qui renferment plus de 9 0/0 de carbonate de chaux peuvent se passer d'amendement calcaire, et que celles qui en contiennent moins doivent être marnées jusqu'à ce qu'elles arrivent à présenter dans leur composition cette proportion de 9 0/0 de calcaire.

Quelquefois les agriculteurs emploient des quantités exorbitantes de marne sans autre motif que l'habitude. Outre le surcroît de dépenses qu'entraîne cette opération, elle est souvent inutile et parfois nuisible. C'est ce qui arrive quand on marne à forte dose un sol légèrement calcarifère avec une marne riche en argile. En tout, et spécialement en agriculture, il faut procéder avec discernement sous peine de détériorer au lieu d'améliorer.

Lorsqu'on opère sur des sols entièrement privés de l'élément calcaire, comme par exemple ceux de la Sologne, on peut marner à forte dose ou amender avec n'importe quelle matière calcaire meuble, comme des faluns ou toute autre. Grâce alors au calcaire, les qualités physiques du sol changent en même temps que sa force productive. Il devient plus ferme, moins humide en hiver, moins promptement sec en été, et par la seule résistance qu'il oppose au pied on s'aperçoit de sa métamorphose.

L'application de la marne à la culture des céréales et des prairies produit des améliorations incontestables. On cite plusieurs exemples de terres arides qui donnaient à peine quelques chétives récoltes de seigle et qui produisent maintenant, au moyen du marnage, de bonnes récoltes de froment.

Le Norfolkshire, qui n'offrait, il y a à peine un siècle, que des landes et des bruyères, est maintenant, grâce aux amendements calcaires, une des contrées les plus riches et les mieux cultivées de l'Angleterre. Ces heureux effets se font sentir durant dix, quinze et vingt ans, au bout desquels il faut un nouveau marnage si l'on veut conserver au sol toute sa fertilité, car l'action de la marne, comme celle de la chaux, diminue graduellement à mesure que l'élément calcaire disparaît par suite de récoltes successives qui l'absorbent et et du lavage des eaux pluviales qui l'entraînent. On conçoit bien qu'on n'attend pas, pour rétablir l'équilibre, l'épuisement total qui s'annonce, du reste, suffisamment par la diminution des récoltes et par la réapparition des plantes acides, comme les oseilles, les oxalis, etc.

Une seconde substance calcaire, souvent appliquée avec bénéfice pour amender les sols argileux, consiste dans les sables coquilliers qui se montrent en si grande abondance sur divers points des côtes de la mer. Dans nos régions de l'ouest, on le connaît sous les noms de *tangue* et de *maerl*.

La tangue de la Manche est un composé de sables plus ou moins fins, d'argiles micacées et de débris de crustacés, de madrépores, de coquilles, etc., roulés, triturés, malaxés par les eaux, qui viennent les déposer par tout où leur fureur se trouve paralysée et où la mer est ordinairement calme. Ainsi s'explique pourquoi la bonne tangue ne se forme pas sur tous les points du littoral, mais seulement dans les anses, dans les baies un peu profondes que forment les embouchures des rivières, tandis que partout ailleurs on ne rencontre qu'un sable coquillier grossier, commun à toutes les côtes maritimes. De là l'opinion erronée, généralement répandue, même parmi les gens instruits du pays, que c'est un produit fluviatile, un dépôt limoneux amené par les rivières.

L'examen attentif des matières qui composent la tangue, de la manière dont elle s'est formée, fait facilement reconnaître, au contraire, que c'est un dépôt purement marin, où les débris terrestres et d'eau douce ne viennent se mêler qu'accidentellement. En effet, les milliers de mètres cubes de cette matière journellement déposés dans les baies du Mont-Saint-Michel, de Roqueville, de Lessay, etc., dont les cours d'eau fort limités ne coulent exclusivement que sur un sol granitique et schisteux, démontrent assez que le principal agent de sa formation est la mer, à laquelle elle doit surtout ses qualités fécondantes. D'un autre côté, la Vire ne donne lieu à son embouchure qu'à la formation d'une tangue médiocre moins riche en principes calcaires purs, parce que cette partie du littoral est moins riche en mollusques que ne l'est la rade de Cancale.

La tangue ne se forme que sur une étendue de 60 lieues, entre les embouchures de la Vire et de la Riance (fig. 11); il s'en dépose bien aussi à la vérité sur quelques points des côtes de Bretagne et de Cornouailles, mais il paraît que cette tangue est bien moins efficace.

De même que la marne et la tangue, la *craie blanche* est souvent employée au marnage. Aux environs de Beauvais, par exemple, la plupart des trous d'où l'on tire la craie sont appelés des *marlières*, et la craie elle-même *marl*, exactement comme font les Anglais eux-mêmes. On sait que malgré la première apparence qui n'y montre qu'une substance terreuse, la craie résulte d'une origine essentiellement organique; environ 80 pour 100 de sa masse totale sont constitués par les petites coquilles de foraminifères microscopiques, étudiées avec soin d'abord par Ehrenberg et en France par Alcide d'Orbigny, et très-analogues aux animalcules encore vivants aujourd'hui dans la profondeur des grands océans.

Fig. 11. — Récolte de la tangue dans la baie de Lessay.

Le *gypse* ou sulfate de chaux est un des engrais minéraux les plus usités. La découverte de son action sur la végétation marque une grande époque dans les fastes agricoles. Ce fut vers le milieu du dix-huitième siècle que le ministre protestant Mayer étudia cette matière comme engrais. Le brillant résultat qu'il en obtint sur les fourrages fut bientôt connu de toute l'Europe et jusqu'en Amérique où les effets surprenants du plâtrage furent bientôt confirmés par l'imposante autorité de Franklin.

Les effets du plâtre ayant, dans les deux mondes, excité des transports d'admiration, on considéra d'abord cette substance comme un stimulant favorable à toutes les cultures et à tous les sols; mais la pratique ne tarda pas à faire reconnaître que, pour agir avec efficacité, le plâtre a besoin du concours d'engrais organiques, car l'effet en est presque nul quand le sol est entièrement dépourvu de ces engrais. L'expérience prouva, en outre, qu'il n'agit utilement que sur un nombre limité d'espèces végétales. Aujourd'hui, il est reconnu qu'au moyen de deux ou trois cents kilogrammes de plâtre répandus sur un hectare, la luzerne, le trèfle, le sainfoin, etc., prennent un développement considérable et presque double de celui qu'on obtient sans l'emploi de cette matière; les feuilles de ces plantes deviennent alors plus nombreuses, plus larges et d'un vert plus foncé; les racines participent également à l'augmentation du poids de la plante. Le colza, la navette, le chanvre, le lin, le sarrasin, les vesces, les pois, les haricots prospèrent au moyen du plâtrage; mais l'action du plâtre est douteuse sur les récoltes sarclées, et les céréales, nous le répétons, n'en ressentent aucun effet appréciable.

A côté des roches naturelles qui fournissent au sol la chaux dans un état de combinaison plus ou moins complexe, il faut citer la chaux vive que produit l'industrie par la calcination de la pierre calcaire et qui se montre très-active dans diverses circonstances.

L'introduction de la *chaux caustique* dans le sol est surtout pratiquée par les Anglais, et parfois avec une sorte de prodigalité; les grandes améliorations qu'ils en ont obtenues dans la culture des céréales, ne permettent plus d'en révoquer en doute la parfaite efficacité. L'action en est surtout très-énergique, soit dans les sols privés de l'élément calcaire, soit dans ceux où l'acide carbonique surabonde comme dans les terres tourbeuses.

La dose de chaux qu'on doit introduire dans le sol est extrêmement variable et, on le conçoit, puisque les terres n'ont pas la même composition. En Angleterre, le *chaulage* se fait à la dose de 150 à 400 hectolitres par hectare. En France, où il s'agit seulement de maintenir la proportion de l'élément calcaire, la dose est beaucoup moins forte et diminue d'autant plus que le chaulage est plus fréquemment renouvelé.

D'ailleurs, ce n'est pas seulement comme élément de nutrition que la chaux est favorable au développement de la vie végétale ; elle exerce aussi dans le sol certaines réactions chimiques qu'il importe de signaler. Ainsi, d'après Liebig, la chaux agit sur l'argile en séparant la silice et l'alumine ; alors, cette silice étant à l'état naissant et extrêmement divisée, se dis-

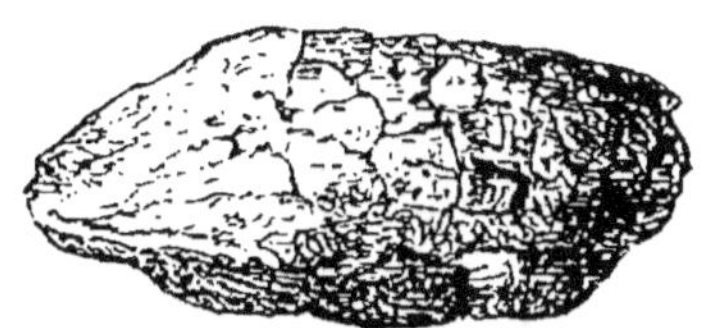

Fig. 12. — Coprolite. Excrément fossilisé d'ichthyosaure, grand reptile marin vivant à l'époque du lias. (V. la liste des terrains stratifiés, p. 34.)

sout dans l'eau et peut être absorbée par les racines des plantes.

La chaux a encore d'autres avantages : saupoudrée sur les plantes, elle fait périr les pucerons qui détruisent les colzas, les turneps, les navets, etc. Elle fait mourir aussi les larves et les œufs des insectes nuisibles.

Enfin on désigne sous les noms d'*apatite*, de *chaux phosphatée*, de *coprolite* (fig. 12) et de *guano*, des substances très-diverses quant à l'origine et au gisement, mais qui offrent ce caractère commun d'être surtout constituées par du phosphate de chaux et que l'on peut réunir sous le nom de *phosphorite*.

L'apatite, constituée par du phosphate de chaux associé à du chlore et à du fluor, est cristalline et se présente en filons dans les terrains les plus anciens.

Les rognons phosphatés se présentent surtout dans les couches crétacées et constituent dans le gault une zone

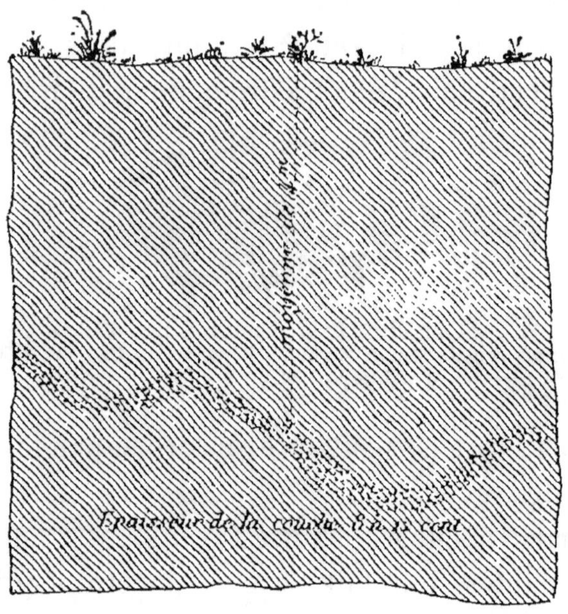

FIG. 13. - Disposition de la couche de rognons phosphatés
(*coquins*) aux environs de Grand-Pré, Ardennes.

remarquablement étendue. Elle a été poursuivie en effet dans diverses parties de l'Angleterre, dans l'est de la France et jusque dans le département des Alpes-Maritimes. Elle a été retrouvée en Espagne, en Bohême et même en Russie. En outre, le terrain crétacé renferme deux autres étages de rognons ; l'un, à la limite du grès vert supérieur, à la base des marnes

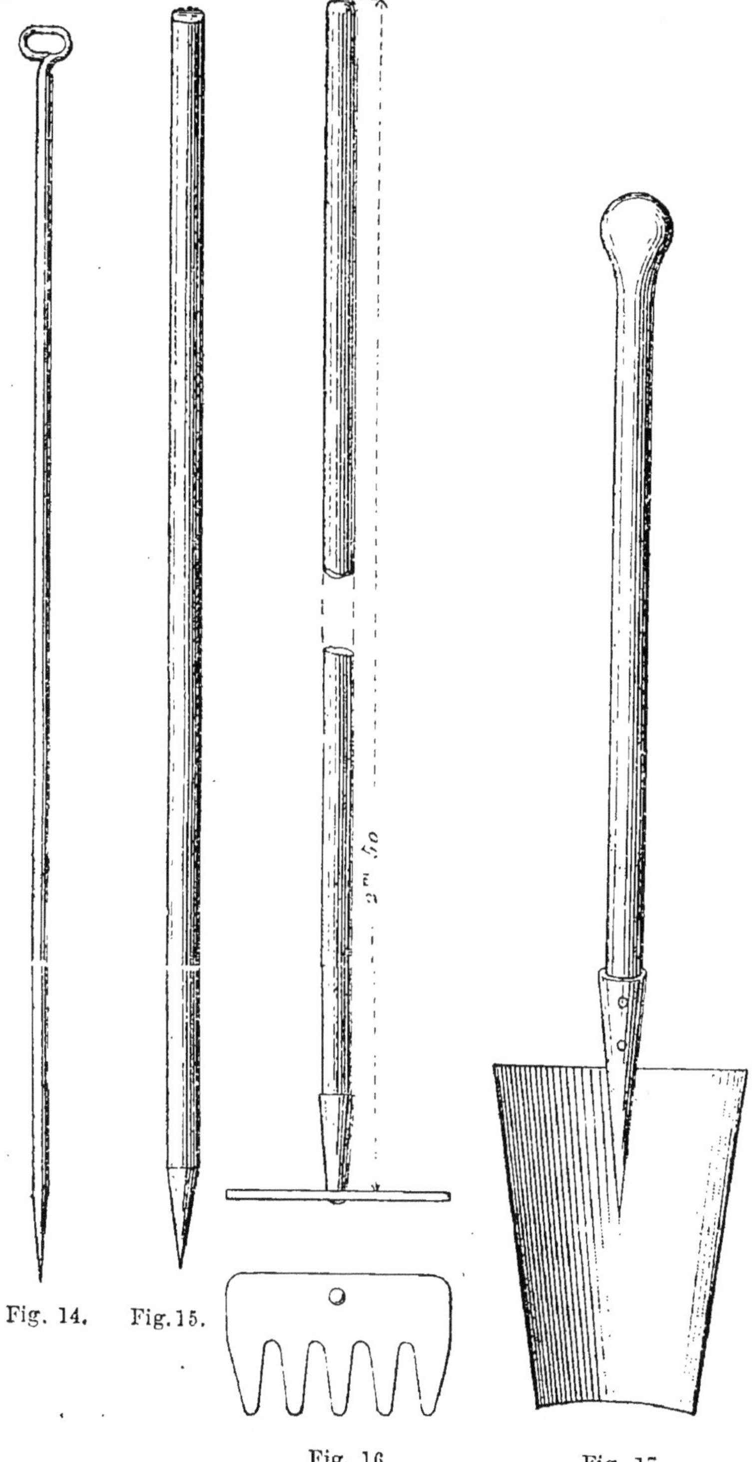

Fig. 14.   Fig. 15.

Fig. 16.

Fig. 17.

FIG. 14 et 15. Pics pour démolir la couche. — FIG. 16. Râteau
à laver. — FIG. 17. Bêche à creuser.

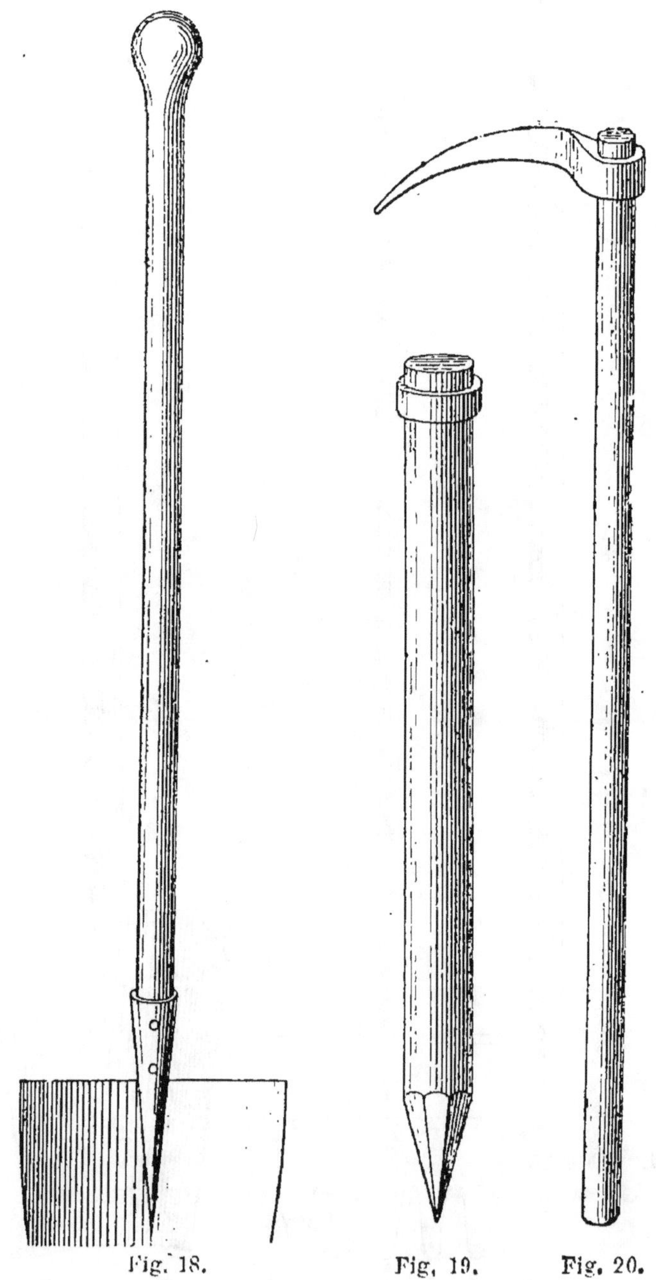

FIG. 18. Grande bêche à creuser. — FIG. 19. Piquet à défoncer les terres. — FIG. 20. Piochon.

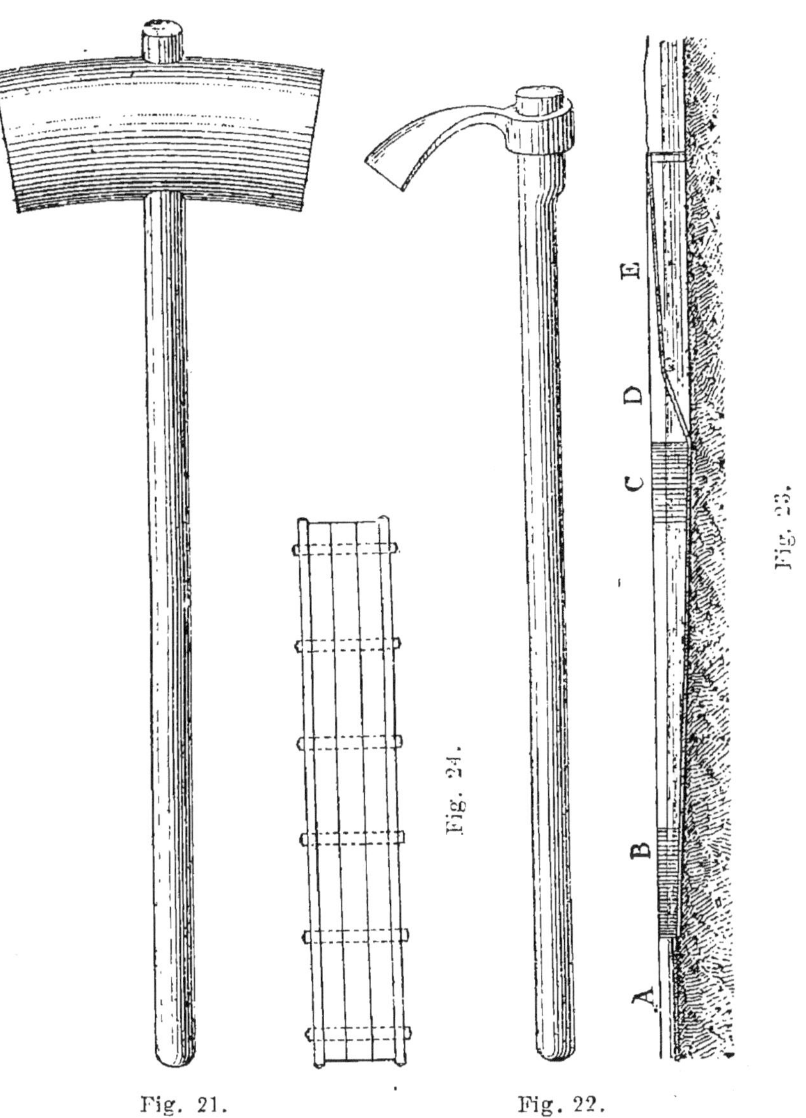

Fig. 21.   Fig. 22.

FIG. 21. Maillet à enfoncer les piquets. — FIG. 22. Houe à fouir.
FIG. 23. Profil d'une laverie. — FIG. 24. Barrage.

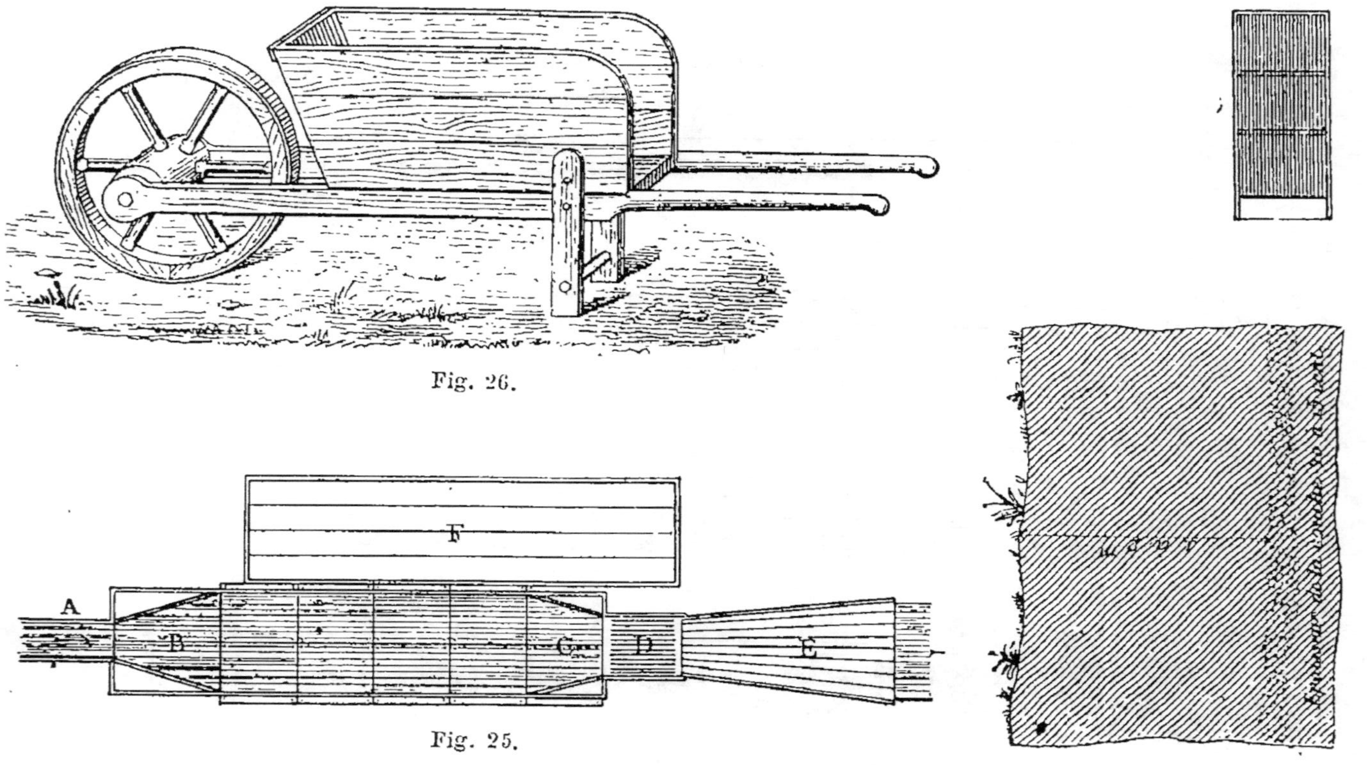

FIG. 25. Plan d'une laverie. — FIG. 26. Brouette. — FIG. 27. Disposition de la couche des nodules. — FIG. 28. Claie à laver.

de la craie, et l'autre à la partie inférieure de la craie blanche.

Nous avons visité nous-même des exploitations de nodules phosphatés dans le département des Ardennes, où ils sont désignés sous le nom populaire de coquins. Ils forment, à une petite distance de la surface du sol, une couche très-continue un peu onduleuse, comme le montrent les figures 13 et 27.

Leur extraction se fait sans difficulté dans de petites fosses de quelques mètres de profondeur, que l'on comble au fur et à mesure de l'extraction avec les matériaux provenant des fosses nouvelles (fig. 29).

Les nodules extraits sont lavés dans un courant d'eau (fig. 30), où des ouvriers les agitent avec des râteaux particuliers (fig. 14 à 28). Enfin des moulins les réduisent en poudre convenable pour les usages agricoles.

C'est à la suite des phosphorites crétacées qu'il faut mentionner les amas de chaux phosphatée concrétionnée exploités dans le Quercy depuis un petit nombre d'années et dont l'âge géologique correspond exactement à celui du gypse des environs de Paris.

Enfin, le *guano* consiste en déjections accumulées d'oiseaux ichthyophages. On l'exploite surtout aux îles Chincha, voisines de la côte du Pérou (fig. 31), mais on en trouve aussi sur la côte bolivienne et au nord du Chili, vers le désert d'Atacama, ainsi que dans certaines îles tropicales du Pacifique, de l'océan Indien, de la mer Rouge et de l'Atlantique.

FIG. 29. — Mode d'extraction des nodules phosphatés (*coquins*) dans le département des Ardennes.

Fig. 30. — Lavage des rognons phosphatés (coquins) dans le département des Ardennes.

Les phosphorites de toutes les variétés sont très-recherchés comme engrais. Le guano s'emploie en nature, les rognons et l'apatite sont préalablement broyés; quelquefois on les soumet à la *superphosphatisation*, qui consiste à les traiter par l'acide sulfurique qui en retire beaucoup de chaux et concentre par conséquent le phosphore.

Engrais salins. — Sous ce titre, nous mentionnons quelques substances dont .l'agriculture tire parti comme engrais, mais qui se distinguent des précédentes par l'absence de la chaux. Ce sont le sulfate d'ammoniaque, les carbonates de potasse et de soude, les nitrates des mêmes bases, le sulfate de potasse, le sel commun, le sulfate de soude, les silicates de potasse et de soude, enfin le sulfate de magnésie.

La plupart de ces composés sont fabriqués artificiellement et, quoique minéraux, sortent du cadre que nous nous sommes tracé; mais plusieurs se rencontrent dans la croûte terrestre à l'état natif.

Ainsi, les lacs desséchés de l'Asie centrale se couvrent, pendant la sécheresse, d'une couche de 60 à 90 centimètres d'épaisseur de cristaux très-purs, que les pluies font rapidement disparaître. Ces cristaux sont formés par des sels de soude et de potasse d'une valeur agricole considérable.

Dans l'Amérique du Sud se montrent les *salinas*, très-analogues aux précédents, mais qui, se trouvant dans des régions où il ne pleut jamais, sont constam-

F I G. 31. — Exploitation du guano aux îles Chincha (d'après une photographie).

ment pourvues de leurs efflorescences salines. Les substances les plus ordinaires de ces salines, dont la principale existe aux environs d'Iquique, sont le sel marin, le sulfate de magnésie, le sulfate de soude, le sulfate double de soude et de chaux, l'alun sodique et l'alun de magnésie, le gypse, l'anhydrite et des quantités moindres de chlorure de calcium, d'iodure et de bromure de sodium, du carbonate et du nitrate de soude, et quelquefois du borate de chaux et du borax. Il est clair que les moyens de transport manquent seuls pour que ces contrées deviennent des centres d'exploitations actives, fournissant à l'agriculture des produits de première valeur.

BIBLIOGRAPHIE

JOHNSTON : *Éléments de chimie et de géologie agricoles.* — STEPHEN : *Le livre de la ferme.* — BURN : *Sols et engrais.* — LIEBIG : *Chimie agricole.* — BOUSSINGAULT : *Chimie appliquée à l'agriculture.* — BURAT : *Géologie appliquée.* — STANISLAS MEUNIER : *La terre végétale.* — DEHÉRAIN : *Chimie appliquée à l'agriculture.* — BARRAL : *Journal de l'agriculture.* — *Bulletin de la Société centrale d'agriculture de France.* — DEHÉRAIN : *Annales agronomiques.* — *Rapport sur les engrais minéraux.* — BAUDRY et JOURDIER : *Catéchisme d'agriculture.* — G. VILLE : *Expériences relatives à l'agronomie.* — STANISLAS MEUNIER : *Mémoire sur les alluvions verticales* dans le *Bulletin de la Société impériale des naturalistes de Moscou.*

CHAPITRE IV

GÉOLOGIE ET ÉTUDE DE LA VALEUR
DE LA TERRE

Toute propriété foncière a une valeur double, la valeur superficielle, qui se rapporte à la culture et qui dépend du sol et du climat, et la valeur souterraine ou minérale et qui dépend de la nature et de l'abondance des roches et des minéraux sous-jacents. La valeur superficielle varie suivant que le sol et la position sont appropriés à l'agriculture en général, pour les pâturages, pour les forêts ou pour la chasse. Une terre où le blé refuse de pousser peut être excellente pour le pâturage, et de vastes étendues dont on ne peut faire ni des champs ni des prairies peuvent nourrir d'énormes quantités de gibier ou se couvrir de forêts d'une grande valeur. Parfois aussi des amateurs consentent à payer fort cher des propriétés dont des sites pittoresques constituent tout le prix, mais, en général, la richesse du sol, la douceur du climat, l'excellence des routes et la facilité des communications sont les points qui déterminent le prix que doit rapporter la superficie. Nous parlons, bien entendu, de campagnes en général et non des propriétés qui, se trouvant dans le voisinage des villes ou à proximité de ports et de rivières navigables, produisent souvent des prix fabuleux pour la construction de maisons, de fabriques, d'ateliers pour la construction de vaisseaux ou autres établissements du même genre.

Mais outre cette valeur superficielle il y a une valeur minérale qui dépend de la nature des roches et des minerais gisant au-dessous de la surface, de leur abondance, de la facilité avec laquelle ils peuvent être extraits et de la perspective de leur exploitation avantageuse. Il faudrait toujours avoir en vue cette valeur double chaque fois qu'il s'agit d'acheter ou de vendre des propriétés, et aucun agent n'est digne de confiance s'il n'est pas capable d'estimer lui-même d'une manière exacte les capacités du sol végétal et les ressources cachées au-dessous. Nous avons vu vendre des propriétés pour la simple valeur de leur sol, froid et argileux, sans tenir aucun compte des couches de minerais de fer et d'argile réfractaire qui se trouvaient au-dessous, et qui auraient pu être facilement estimés par un homme expérimenté, ou par quelques forages peu coûteux. Nous avons vu d'autres en payer bien au delà de leur valeur par suite d'espérances fallacieuses d'y découvrir des minerais de plomb et de cuivre excitées par d'anciennes traces de recherches faites de ces métaux. Dans un cas comme dans l'autre, quelques précautions prises dans le but d'apprécier la nature et l'abondance des minéraux renfermés dans ces terres eussent favorisé l'acquisition ou empêché la perte de sommes considérables.

1. — LA VALEUR SUPERFICIELLE.

Parlons d'abord de la valeur superficielle et de la manière de l'estimer en tant que cela regarde la Géologie. Après avoir déterminé la nature du climat, la provision d'eau, l'état des chemins, le voisinage des marchés, et autres conditions accessoires, il faudrait faire une inspection minutieuse des sols, et examiner jusqu'à quel point ils sont susceptibles d'être améliorés par le drainage ou corrigés par des mélanges. Ainsi que nous l'avons dit dans le précédent chapitre, il sera avantageux de consulter une carte géologique du district, mais cela ne saurait remplacer une étude détaillée des sols et des sous-sols de la propriété. Une portion de la terre se compose peut-être de sables, une autre de tourbe reposant sur de l'argile, une troisième de terre limoneuse, une quatrième de sol sec et caillouteux reposant sur le rocher sous-jacent. Les sables sont-ils calcaires ou simplement siliceux? Le limon épais peut-il être rendu plus sec et plus léger en le drainant et en le mélangeant avec le sable? Peut-on améliorer la qualité et la texture de la tourbe par un mélange d'argile, ou serait-il possible d'enlever com-

modément la surface de tourbe comme cela s'est vu,
afin d'exposer l'argile comme surface agricole? — Et
encore : certains sols conviennent le mieux pour de
certaines récoltes, — les uns pour les grains, et les
autres pour le fourrage, — ceux-ci pour les pâturages,
ceux-là pour les bois. Une connaissance de ces faits
peut permettre à tel acheteur d'offrir en toute sécurité un prix qui ferait reculer d'effroi tel autre qui
n'est pas capable de tant de discernement. — Ces
considérations et d'autres semblables doivent être
pesées avec soin avant qu'on puisse déterminer exactement la valeur d'une propriété quelconque, et, à cet
effet, il faudrait faire de nombreuses fouilles dans les
sols et les sous-sols, afin d'en reconnaître méthodiquement la nature. Il suffit de retirer quelques pel-
letées de terre dans chaque point, et quand on con-
sidère la certitude qu'on obtient ainsi avec tant de
facilité on s'étonne que ce mode de détermination ne
soit pas plus généralement adopté.

La propriété, comme elle est au moment de l'achat,
a une certaine valeur qui dépend du loyer reçu; et cette
question peut suffire à certain acheteur pour en déterminer le prix, tandis qu'un autre, qui sait à quel point
elle est susceptible d'amélioration, peut en donner une
somme beaucoup plus grande et se trouver cependant
à la longue avoir fait un achat des plus avantageux. Le
fermier, en traitant pour une nouvelle ferme, ne se
laisse jamais guider uniquement par son état actuel; il

songe à toutes les améliorations qu'il pourra y apporter pendant le cours de son bail, en drainant, en remuant le sous-sol, en ôtant les pierres de la surface, etc. ; sachant bien que par ces moyens, non-seulement il augmentera la quantité et la qualité de ses produits, mais diminuera considérablement les frais de la culture. — Et de même l'acheteur d'une propriété ne devrait pas se laisser guider seulement par les circonstances existantes, mais bien se demander jusqu'à quel point la terre contient en elle-même, ou possède dans son voisinage immédiat, les moyens faciles d'une amélioration permanente.

Le paysage. — Agréments de la surface. — L'art d'embellir la terre, de dessiner des parcs, de créer des sites agréables en rehausse encore la valeur. Peu d'arts exigent plus d'habileté et plus d'observation des divers aspects de la nature que celui du jardinier paysagiste , non-seulement en améliorant des traits que la terre peut déjà posséder, mais en faisant saillir de nouveaux traits à l'aide de plantations bien ordonnées. Un domaine naturellement plat, régulier et monotone peut être rendu plus attrayant par la disposition de ses bois et les lignes ondulantes de ses clôtures. Quelques groupes d'arbres pour varier la monotonie d'une lande, une masse de lierre s'étalant sur un rocher nu, des plantes grimpantes qui masquent la face d'une ancienne carrière, ou un semé d'arbustes pour égayer les talus d'une route ordinaire, produiront souvent des effets qui vaudront dix fois les sommes qu'ils auront coûtées. Ainsi le domaine le plus plat, le plus dénué de pittoresque naturel peut être amélioré par des soins intelligents. Sans doute, ces dispositions dépendent principalement des goûts artistiques de celui qui les entreprend ; mais il existe certaines relations géologiques entre les arbres et le sol, les bois et les rochers, les rochers et les chutes d'eau dont la connaissance ne peut manquer d'être utile au jardinier paysagiste. La nature ne plante pas au hasard les bois et les forêts, elle ne dresse point des rochers et des falaises là où ne s'est trouvée aucune cause pour leur production ; et c'est l'étude de ces causes et de ces associations qui gît au fond de toute imitation artistique réussie. Chaque roche — granite, ardoise, calcaire, trap, grès, craie — subit à sa façon l'action de l'air, et présente ses propres aspects distinctifs ; chaque sol porte sa végétation particulière, et le succès de toutes les dispositions paysagères dépend d'une connaissance approfondie de ces particularités. Mais bien avant le simple embellissement de la surface, dans un climat froid et capricieux comme celui des Iles-Britanniques, l'abri est indispensable, et partout où il est possible de planter des bois disposés de manière à assurer une agréable protection contre les vents nuisibles, la valeur d'un domaine se trouvera considérablement accrue.

2. — VALEUR MINÉRALE OU GÉOLOGIQUE.

Outre la valeur superficielle ou agricole, toute propriété a une valeur minérale qui dépend de la nature des substances rocheuses gisant au-dessous. Donc
quelquefois cette valeur peut consister dans les argiles
superficielles, les sables, les tourbes, les dépôts cuprolithiques et autres; dans d'autres, dans les grès, les
calcaires, les granites et les mélaphyres; et dans d'autres, enfin, elle vient de l'existence de veines métallifères. De quelque source qu'elle naisse, il est évident
qu'on ne peut s'en faire une estimation approximative
que par un savant examen minéral. Il est vrai que les
cartes géologiques, là où elles sont achevées, rendent d'immenses services, mais même avec celles-ci
il faudrait recourir à un examen plus minutieux. Les
feuilles de ces cartes contiennent les traits larges et
généraux de la Géologie du pays qu'elles représentent; mais les détails d'une terre en particulier, l'épaississement ou l'amincissement de ses couches, leurs inclinaisons et leurs dislocations, leur
quantité ou leur qualité, etc., ne peuvent être connus que par une investigation spéciale. On peut généralement obtenir un semblable examen, même accompagné de forages, sans des frais bien considérables
comparés avec les intérêts qui sont en jeu, et cependant, faute de cette précaution, il se fait chaque an

6

née des erreurs considérables, soit dans la vente, soit dans l'achat des propriétés. Et si ces précautions sont nécessaires dans un pays ancien et bien connu, ne sont-elles pas plus essentielles encore dans des colonies et des pays qui n'ont pas été systématiquement explorés ?

Nous avons dit que la richesse minérale d'une terre peut provenir de plusieurs sources. Ses sables superficiels peuvent être convenables pour faire du mortier, pour des travaux de moulage, pour la fabrication du verre ; les argiles qui se trouvent à sa surface peuvent être employées à faire des briques et des tuiles, ou même à des usages de poteries plus fines ; tandis que ses tourbes et ses marnes auront de la valeur, au moins pour l'amélioration d'autres sols. Ces accumulations superficielles sont trop souvent négligées. Un bon champ d'argile à briques dans le voisinage d'une ville naissante peut avoir une valeur énorme ; une petite propriété remplie de sable dans les faubourgs d'Edimbourg produisit, par la vente de ce sable, presque autant que la propriété avait coûté ; les excavations furent comblées à mesure par voie de décharge, et le sol de la surface fut remplacé. — Encore, il peut se trouver des filons de mélaphyre et de basalte précieux pour ferrer les routes ; du grès et du granit convenables aux constructions ; des calcaires pour ciment ou pour fondant métallurgique ; et des calcaires, qui ne peuvent servir à ces usages, à cause de leur nature argileuse, peuvent être d'une grande utilité à cause de leur hydraulicité.— Si une terre se trouve située sur le terrain houiller on fait généralement un effort pour estimer sa valeur minérale, et cependant les prix élevés que rapporte depuis quelque temps la houille de Kilkenny, comparés à celui des autres houilles, par suite de l'exploitation toujours augmentant d'argile réfractaire et aussi de l'utilisation rapide de la thermantide qui, en 1855, était complétement dédaignée et qui, aujourd'hui, pour la distillation de la paraffine et pour d'autres produits valent des sommes considérables, montrent combien la précaution est nécessaire. Enfin, une terre peut tirer sa valeur de l'existence de veines métallifères et de puits d'extraction, et quoique ceux-ci aient pu être connus et travaillés, cependant certains minerais prennent constamment une nouvelle valeur, à cause de l'extension de leur emploi dans les arts.

Il est donc évident qu'un examen soigneux de la valeur minérale d'une terre est une chose de première importance pour le vendeur et pour l'acheteur. Naturellement, il n'est pas toujours possible d'estimer l'utilisation de produits qui sont peut-être maintenant incultes et sans emploi, ni de prévoir la demande et le prix croissant de substances qui sont aujourd'hui de peu de valeur; mais en voyant l'extension qu'ont pris depuis un quart de siècle les manufactures d'argile réfractaire, l'emploi du pétrole, du gaz et du cannel-

coal, des minerais de fer, et surtout l'augmentation
récente du prix de la houille ordinaire, ce serait
une folie de se séparer d'une terre sans avoir sérieu-
sement évalué ses ressources minérales. Dans un pays
comme l'Angleterre, où les formations géologiques
sont si variées, et où le progrès de l'invention
est si rapide, on ne peut jamais prévoir quand les
produits négligés devront être utilisés ou quand la
valeur de ceux qui sont connus subira de l'augmentation ; ceci nous montre la nécessité de s'enquérir sé-
rieusement, dans le trafic des propriétés rurales, de
leurs ressources minérales. Comparons le prix d'une
propriété dans le district de Cleveland, dans le Yorkshire
en 1853 avec celui qu'elle rapportait en 1874 ; estimez
la valeur d'une maigre lande dans le Linlithgowshire
en 1856 avec celle qu'elle possède en ce moment par
ses schistes à huile ; ou l'importance, à ces dates respectives, d'une ferme sur le grès vert — avec ses nodules de phosphate — et nul autre raisonnement ne
sera nécessaire pour établir l'avantage de faire dans
toute les occasions une investigation approfondie des
traits géologiques et des ressources minérales des
terres.

Quelquefois, pour éviter le danger de se séparer de
richesses inconnues pour un prix qui n'y est pas proportionné, le vendeur d'une propriété s'en réserve les
minéraux et n'en vend que la surface ou sol végétal.
Cet arrangement, qui protége le vendeur, est souven

la source de grands désagréments pour l'acheteur ou
pour son successeur. Il est vrai qu'on leur paye des
dommages-intérêts pour les routes ou les excavations
que peut nécessiter la recherche des minéraux, mais il n'y a aucune compensation pour les déplaisirs
et les incommodités causés par des tas de minerais
fumants, les briqueteries, les monticules stériles et
d'autres laideurs, et ces travaux amènent souvent
dans le voisinage une population grossière et gê-
nante, et la taxe des pauvres se trouve augmentée par
l'immigration de ces nouveaux habitants aussi bien
que par les dangers de leurs occupations. Il est vrai
que personne ne peut prévoir quand la valeur de certains minéraux sera en hausse, ni quand des substances, aujourd'hui sans emploi, seront utilisées; et
il semble dur que par suite d'une telle utilisation, des
propriétés vendues il y a vingt ans puissent maintenant avoir triplé de valeur; mais en vue de pareils
événements, il semble mieux, tout bien considéré, que
les ventes et les achats de propriétés soient complets
et absolus, — pourvu que toutes les précautions dé-
sirables soient prises. — Il se peut que certaines substances minérales tombent en désuétude, tandis que
d'autres pourront acquérir des valeurs nouvelles et
inattendues, mais, généralement parlant, dans un
pays mécanique et manufacturier comme la Grande-
Bretagne, la tendance sera plutôt celle d'une consommation plus considérable, et, par conséquent, on peut

toujours s'attendre à de plus fortes demandes et à des prix plus élevés. A ce point de vue, le vendeur d'une propriété minérale a raison d'en demander un prix plus élevé, que l'acheteur, d'autre part, peut payer avec sécurité.

Les mêmes remarques s'appliquent aux baux minéraux. Une ferme peut être louée pour dix-neuf ans, terme ordinaire en Écosse, et cependant à l'expiration du bail, si on a pris des précautions convenables, quant à la succession des récoltes, le sol peut s'être enrichi et avoir acquis de la valeur; mais à la fin d'un bail minéral toutes les substances enlevées sont parties pour toujours. Ainsi, aucun propriétaire de terre, qui étudie son propre intérêt et celui de ses successeurs, ne devrait, vu la valeur toujours croissante des produits minéraux en Angleterre, accorder de longs baux; et dans les baux qu'il accorde il devrait toujours stipuler pour un droit proportionné aux prix courants des substances vendues. Il y aurait moins de maîtres de fer et de houilles millionnaires si les propriétaires de terres avaient déployé une plus grande prudence en donnant des baux de leurs mines et de leurs minéraux.

Toutes les précautions dont nous avons parlé sont également nécessaires quand il s'agit de choisir et d'acheter des terres dans nos possessions coloniales.

Ce n'est pas toujours le sol fertile, ni le site

agréable qui doit fixer le choix de l'émigrant. Le plus beau sol, à moins que ce ne soit pour bâtir, ne rapportera jamais qu'un rendement agricole moyen ; tandis que quelque terrain aride peut contenir des provisions inépuisables de minéraux et de métaux, dont la valeur ne cessera de s'élever à mesure que la population augmentera et que les entreprises commerciales et l'activité industrielle se développeront.

Quelques connaissances géologiques, et quelques mois employés à des excursions le long des falaises de la mer, sur les rives des fleuves, et sur les surfaces rocheuses partout où celles-ci se trouvent exposées, récompenseront toujours le colon, même s'il lui faut attendre plusieurs années le développement des ressources minérales du terrain qu'il a choisi.

Et une grande habileté géologique n'est pas nécessaire pour découvrir la présence des minéraux et des métaux les plus importants. La houille et le schiste se révèlent bientôt dans n'importe quelle coupe naturelle ; des minerais de fer se signalent par leurs surfaces oxydées ou rouillées, et s'accompagnent ordinairement de petites sources d'eau qui laissent un dépôt ocreux ; les calcaires, exposés à l'air, prennent une surface blanchâtre ou brun blanchâtre, et s'accompagnent souvent de sources pétrifiantes ; les minerais de cuivre montrent diverses bigarrures de teintes vertes et rougeâtres, et l'eau qui les avoisine a un fort goût styptique et cuivreux ;

le minerai de plomb ou galène se reconnaît à sa couleur gris de plomb et à son clivage cubique; le minerai d'antimoine à sa nuance d'un gris plus clair et ses longs cristaux rayonnants; tandis que les minerais métalliques en général se distinguent facilement des minéraux pierreux par leur poids supérieur, et par le lustre métallique de leurs cassures fraîches.

Il est ainsi évident, d'après tout ce que nous venons de dire, que toute propriété foncière a une valeur double, l'une qui dépend de ses qualités superficielles, l'autre de ses ressources minérales.

Dans l'achat et dans la vente des terres, il faudrait toujours tenir compte de ces deux valeurs, et n'épargner aucune peine ni aucune dépense raisonnable pour arriver à les déterminer avec exactitude. Pour ces examens, une certaine connaissance de la Géologie est indispensable, soit qu'elle se rapporte aux sols et aux sous-sols supérieurs ou aux minéraux et aux métaux sous-jacents. Une dernière remarque de première importance consiste en ce que, lorsque ces valeurs respectives ont été reconnues, il ne faut pas oublier qu'elles diffèrent en un point essentiel, c'est-à-dire que, tandis que la valeur superficielle s'accroît indéfiniment par les soins de la culture, la valeur minérale tend, au contraire, à diminuer constamment, et finit quelquefois par s'éteindre complétement. Aucun fait ne peut être plus évident que celui-ci, et cependant on oublie trop souvent de s'en préoccuper en faisant des arrangements pour les intérêts des héritiers et des successeurs.

BIBLIOGRAPHIE

BROWN : *Book of the landed Estate.* — LINTERN : *Inspection minérale.* — HUDSON : *Le guide du propriétaire foncier.* — DONALDSON : *Propriété de la terre.*

CHAPITRE V

GÉOLOGIE ET ARCHITECTURE

PREMIÈRE PARTIE

PIERRES DE CONSTRUCTION ET DE DÉCORATION

Les relations entre la Géologie et l'architecture sont intimes et importantes. Toutes nos pierres de construction, les pierres pour les décorations intérieures et pour la sculpture, les mortiers et les bétons sont tirés directement ou indirectement de la croûte terrestre. C'est ce que vont nous montrer les chapitres suivants.

1. — PIERRES DE CONSTRUCTION.

Dans les pierres de construction destinées aux édifices ce que l'on doit rechercher surtout c'est la beauté de la couleur et de la texture, l'inaltérabilité aux agents atmosphériques et la facilité d'être taillées et travaillées. Ces qualités varient beaucoup dans les diverses roches, les unes étant fort belles et faciles à tailler mais sans durée, d'autres au contraire à peu près inaltérables, mais si dures qu'on ne peut les travailler qu'au prix de dépenses considérables, d'autres enfin durables et propres à la taille mais sombres et désagréables de couleur.

Nous allons énumérer rapidement les principales roches propres à la construction.

Granites et porphyres. — Les granites qui ont été fort employés, par exemple en Égypte pour la construction de monolithes et de sculptures gigantesques, forment une famille très-nombreuse de roches qui diffèrent beaucoup entre elles par la couleur, la texture et l'inaltérabilité. Ils se présentent dans les contrées les plus diverses et constituent à eux seuls dans les deux hémisphères des contrées d'une étendue considérable. — En général le granite forme l'axe minéralogique des montagnes élevées et il entre dans l'ossature des régions tourmentées, des protubérances centrales, surgissant comme des îles au-dessus des terrains qui enveloppent leur base.

Quoique le granite soit l'assise générale sur laquelle les terrains stratifiés se sont déposés, on en connaît de date très-moderne. Par exemple l'île d'Elbe renferme dans sa partie occidentale un vaste massif granitique dont le monte Campanna est le point culminant et qui déborde au-dessus du terrain nummulitique.

Le granite est essentiellement formé par un mélange grenu de quartz, de feldspath et de mica, cependant ses caractères varient assez pour qu'on distingue parmi ses innombrables variétés des types désignés sous des noms spéciaux.

Nous en mentionnerons quelques-uns :

La *protogine* qui forme presque seule l'axe des plus hauts sommets des Alpes et le mont Blanc, en particulier, diffère à première vue du granite par la couleur verdâtre de son mica talqueux.

Le *rappakiwi*, ou granitite de Gustave Rose, admet deux feldspath au lieu d'un seul et se rencontre principalement en Finlande. Dans cette région toutes les grandes constructions sont faites à l'aide de cette pierre dont sont bâties les fortifications de Cronstadt et de Saint-Pétersbourg. On s'en est servi aussi pour construire la cathédrale de Saint-Pétersbourg et la colonne commémorative élevée à l'empereur Alexandre. Mais on a reconnu depuis peu que le rappakiwi s'altère assez rapidement.

Le *gneiss quartzifère* n'est guère autre chose que du granite dont la structure est schisteuse; aussi le désigne-t-on souvent sous les noms de *granite veiné, granite schisteux, granite feuilleté*. Cette structure le rend d'autant plus propre à être employé dans les constructions; dans le Limousin on n'a guère d'autre pierre pour faire les maisons. Dans la Valteline, aux environs de Chiavenna, il existe une variété de gneiss surmicacé et tabulaire qui sert à couvrir les maisons.

La *syénite*, dont sont faits les principaux monuments

de l'ancienne Égypte et par exemple l'obélisque de Louqsor, qu'on voit à Paris, n'est autre chose qu'un granite admettant de l'amphibole en cristaux disséminés.

Certaines roches, à l'inverse de la précédente, dérivent du *granite* par la suppression d'un des trois éléments

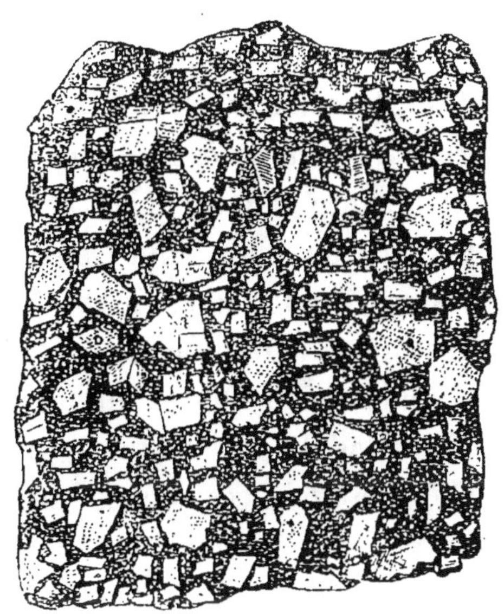

FIG. 32. — Plaque de porphyre.

fondamentaux. Le *gneiss* est du granite sans quartz, et la *pegmatite* du granite sans mica. Cette dernière, qui comprend le *granite graphique*, comprend aussi des variétés finement grenues, dites *granulites* et qui sont très-propres aux constructions.

Les *porphyres* (fig. 32) se divisent en deux groupes, suivant qu'ils contiennent ou non des cristaux de quartz.

On les recherche surtout comme pierres de décorations et nous aurons à y revenir à cet égard. Nous nous bornerons ici à rappeler seulement que ce sont des roches franchement éruptives, constituant des enclaves transversales ou des dykes et des filons qui ont commencé à se former à l'époque cambrienne, mais qui se rapportent surtout aux dislocations qui ont eu lieu après le dépôt des terrains houillers.

Basalte, Mélaphyre, etc. — Les roches que nous résunissons ici ont pour caractère commun d'être à base de pyroxène; beaucoup d'entre elles ressemblent, au point de vue des caractères physiques, aux roches granitiques et leurs usages sont exactement les mêmes.

Les *basaltes* semblent au premier abord avoir une composition simple : il faut les examiner de très-près pour y reconnaître les diverses espèces minérales qui s'y mélangent. On sait que ces roches noires et pesantes forment en général comme le soubassement sur lequel sont établis les volcans anciens. Nulle région n'est plus propre à leur étude que le massif de la France centrale. Souvent disposés par retrait en prismes juxtaposés (fig. 19), les basaltes se trouvent tout taillés pour diverses applications, telles que la préparation des bordures et des encadrements de portes et de fenêtres ; leur poids énorme en rend cependant l'usage difficile et l'on peut dire qu'ils ne servent qu'à défaut de mieux.

La *dolérite* et les laves pyroxéniques en général sont

comme des variétés phanérogènes du basalte; leurs applications sont les mêmes.

Le *mélaphyre* (*porphyre vert antique*, *porphyre noir*) est une roche porphyrique à base composée d'une pâte due au mélange du pyroxène et du feldspath, enve-

FIG. 33. — Grotte de Staffa. (Disposition colonnaire du basalte.)

loppée de cristaux souvent très-distincts de ces minéraux. Il peut servir dans les constructions, mais c'est surtout comme pierre de décoration qu'il a été recherché.

Schistes et ardoises. — Les *schistes* consistent en silicate d'alumine hydraté. Leur structure est très-fine, et lorsqu'ils sont feuilletés on les appelle *phyllades* ou de construction. Les phyllades, en effet, servent à couvrir les édifices; on en fait aussi des dalles qui atteignent parfois des dimensions considérables. Les meilleures ardoises de France sont peut-être celles d'Angers (fig. 34), à raison de leur structure très-fine, *ardoises*. Ils sont alors très-recherchés comme pierres

FIG. 34. — Carrière d'ardoises.

régulièrement schistoïdes et de leur grande durée; aussi leur extraction s'élève-t-elle annuellement à une valeur d'environ 2 millions. Les ardoises des Ardennes sont aussi très-estimées.

On trouve de vraies ardoises à divers niveaux géologiques. Dans les terrains cambriens et siluriens les phyllades succèdent en stratification concordante aux terrains talqueux primitifs comme à Deville et à Fumay dans les Ardennes, ainsi qu'à Angers (Maine-et-Loire). Dans les terrains anthraxifères alpins ils sont fréquemment calcarifères comme à Briançon (Hautes-Alpes), Césanne et le mont Genèvre; les environs de Servoz dans la vallée de l'Arve, en Savoie; le val de Tignes, etc. Enfin on en trouve aussi dans les terrains nummulitiques métamorphiques de Glaris, en Suisse.

D'autres roches peuvent, quoiqu'à un moindre degré, se diviser en feuillets et servir par conséquent aux mêmes usages que les ardoises. Le *gneiss* que nous avons déjà cité, est dans ce cas. Le *micaschiste* consiste dans le mélange du quartz avec le mica; on fait souvent dans la France centrale des maisons construites et recouvertes en micaschiste. Le *talcschiste* est fort analogue pour les caractères physiques, mais le mica y est remplacé par le talc. Certaines variété d'*amphibolite* et de *diorite* schistoïde (mélange de feldspath et d'amphibole) se prêtent aussi aux mêmes applications. Aux environs du Mont-Dore, en Auvergne, on exploite pour couvrir les toits le *phonolithe* tabulaire qui constitue la roche Sanadoire et la roche Tuilière dont le nom est caractéristique. Cette roche formée du mélange de l'orthose avec des zoolithes est essentiellement volcanique et se présente en association avec les trachytes.

Grès. — Nous réunissons ici sous le nom général de grès, des roches très-différentes les unes des autres dont le caractère commun est d'être formées de grains de sable cimentés ensemble plus ou moins solidement. Tous peuvent servir comme moellons et quelques-uns comme pierres d'appareil. Nous verrons que le pavage en fait aussi un grand usage.

Examinons rapidement les principales roches gréseuses.

Le *grès quartzeux* en représente le type le plus connu. Il est formé de sable quartzeux réuni par un ciment qui peut être calcaire ou siliceux et qui admet aussi quelquefois en mélange, l'oxyde de fer, l'oxyde de manganèse ou d'autres substances.

L'*arkose*, formé de grains de quartz mélangés à des grains de feldspath est connu aussi sous les noms de *grès feldspathique*, *grès granitoïde*, *granite recomposé*. Il résulte évidemment de la démolition du granite dont les débris, débarrassés ordinairement du mica facilement entraînable, ont été cimentés sur place.

Le *psammite* est comme une arkose dont le feldspath est passé à l'état de kaolin. Il comprend la plupart des *grès des houillères* et est souvent appelé *grès argileux*.

Le *métaxite* est une sorte d'intermédiaire entre les précédents, renfermant à la fois du feldspath intact et du kaolin : le *millstonegritt* des Anglais appartient à cette espèce.

Dans le *traumate* le sable quartzeux est associé à des petits fragments de schiste.

La *molasse* est un grès quartzeux riche en calcaire.

Elle est extrêmement développée en Suisse et en Autriche où des villes entières en sont construites.

Sous le nom de *grauwacke* on réunit des roches assez mal définies où l'on retrouve du quartz, du felsdpath et du phyllade. On le désigne quelquefois, surtout quand elles sont très-feldspathiques, sous le nom d'*euritine*.

Le *macigno* contient du quartz, du calcaire, et de l'argile ; c'est, si l'on veut, un *grès marneux*, on doit y comprendre la *pietra forte* du lac de Constance.

Calcaires et marbres. — Les roches calcaires fournissent la plupart des matériaux employés dans les constructions, et tout Paris, on peut le dire, en est presque exclusivement construit. On distingue sous le nom plus spécial de *marbre* les calcaires compactes susceptibles de prendre le poli et on les réserve surtout pour les décorations, ainsi que nous le verrons prochainement.

Le calcaire, qui se rencontre dans toutes les formations, appartient surtout aux terrains sédimentaires dont il représente une grande épaisseur. Dans les couches les plus anciennes on rencontre des calcaires compactes, fins, à teintes foncées et riches en fossiles, des calcaires d'un gris cendré et noirâtre ou des calcaires marbrés de différentes couleurs, renfermant des trilobites et des coquilles caractéristiques ; dans l'étage carbonifère, les calcaires sont ordinairement noirâtres ou d'un gris bleuâtre et contiennent de nombreux débris d'encrines ; aux environs de Moscou le calcaire carbonifère est parfaitement blanc ; plus haut, dans le terrain permien, ce sont des calcaires d'un gris cendré, dits *zechstein*, souvent poreux ou celluleux, quelquefois fétides ; plus haut encore on trouve un calcaire coquiller de couleur grise, dit *muschelkalk*, et où les ammonites se rencontrent pour la première fois. A la base des terrains jurassiques est un calcaire marneux, dit *calcaire du lias*, à teinte encore très-foncée, souvent de couleur bleuâtre ; et dans les parties moyennes et supérieures des calcaires compactes ou oolithiques de couleur plus claire, blanc ou jaunâtre, parmi lesquels se trouvent les bancs de pierre lithographique et les pierres à chaux hydraulique. Le sol secondaire se termine par les calcaires crétacés qui renferment les diverses variétés de calcaire terreux, dites craie verte ou glauconieuse, craie grise ou jaunâtre (tuffau) et craie blanche. Les calcaires grossiers, les calcaires siliceux et les travertins, les faluns, appartiennent aux divers étages du sol tertiaire. L'époque actuelle est riche aussi en calcaire : les atolls et les conglomérats modernes, tels que ceux de la Guadeloupe, en sont la preuve.

Dans l'art des constructions, les pierres calcaires sont, comme nous venons de le dire, celles dont l'emploi est le plus fréquent, non-seulement parce qu'elles sont les plus abondantes mais encore parce qu'elles ont en général l'avantage de se laisser tailler plus facilement que toutes les autres et d'avoir cependant assez de ténacité pour résister à la pression, pour conserver les arêtes, les moulures, etc. Les pierres qui conviennent le mieux à l'architecture sont les variétés compactes, à cassure inégale et celles qui sont formées de coquilles liées entre elles par un ciment semi-cristallin, semi-terreux.

Ces variétés abondent surtout dans les terrains secondaires et tertiaires. Les calcaires de l'étage oolithique inférieur sont à petits grains serrés, bien soudés entre eux, constituant des blocs d'une grande dimension qui résistent fort bien aux intempéries et fournissent d'excellentes pierres de taille : il suffit de citer les carrières de Niort et surtout les célèbres exploitations ouvertes près de Bayeux et de Caen, dans la grande oolithe d'où l'on a extrait les pierres qui ont élevé Saint-Paul de Londres et qui fournissent des pierres d'appareil, exportées jusqu'à Anvers pour les ouvrages gothiques. L'abondance et l'excellente qualité des pierres d'appareil que fournit le terrain jurassique ont déterminé, comme le fait remarquer M. Coquand, dans un travail auquel nous empruntons ces détails, la construction des villes qui sont remarquables par la beauté de leurs habitations particulières et de quelques-uns de leurs édifices : on peut citer entre autres Besançon, Metz, Nantes, Dijon, Bourges, Poitiers; et si on examine sur la carte géologique la position qu'occupent ces villes, les mieux construites après les villes capitales telles que Paris, Bordeaux, Marseille qui sont situées sur des bassins tertiaires, on remarque qu'elles sont toutes placées sur les contours des bandes jurassiques qui entourent le bassin parisien et contournent le plateau central. Les Romains eux-mêmes, en choisissant le calcaire jurassique pour la construction des monuments d'Arles, de Nîmes et du pont du Gard, ont fait preuve de l'expérience qu'ils avaient des bonnes qualités des matériaux fournis par ces terrains. Ils ont aussi employé, dans les monuments qu'ils ont élevés à Besançon, un calcaire à grosses oolithes appartenant à l'étage corallien supérieur du plateau d'Amancey.

Dans le sud-ouest et dans le midi de la France, le terrain crétacé fournit d'excellents matériaux. Les calcaires durs dits *pierres de Cassin*, et les pierres de taille des environs de Calissaune, près d'Aix, appartiennent à l'étage néocomien supérieur ; dans les deux Charentes et dans le département de la Dordogne les grès verts supérieurs donnent des pierres de taille dont l'extraction est peu coûteuse et qu'on peut scier avec une grande facilité. Les villes d'Orléans, de Saumur, d'Angoulême, de Tours, de Saintes, de Rochefort, doivent l'élégance de leurs constructions à la valeur des carrières qui existent dans leur voisinage et dont les produits sont exportés au loin.

A leur tour, les terrains tertiaires présentent des matériaux de construction extrêmement variés. On y rencontre des calcaires assez tendres pour que la taille en soit facile et qui offrent très-souvent une résistance suffisante pour être employés dans les constructions importantes. Quelquefois les calcaires sont fort durs et divisés en bancs assez minces ; ils sont alors avantageusement exploités pour le dallage ; quand ils sont marneux, ils peuvent donner des chaux hydrauliques. A Paris même et dans ses environs, surtout dans l'Oise, autour de Creil, de Saint-Leu et de Chantilly on exploite sur une vaste échelle des calcaires tertiaires. Les ouvriers en distinguent plusieurs variétés qui sont propres à tel ou tel usage et qu'ils désignent sous les noms particuliers de *liais, cliquart, banc-franc, pierre de roche, lambourdes*, etc. Elles font partie de l'étage connu sous la dénomination de calcaire grossier parisien.

Les calcaires d'eau douce généralement siliceux que renferment les formations tertiaires sont souvent susceptibles par leur compacité de recevoir les détails les plus fins de la moulure ; aussi sont-ils employés pour la construction des monuments importants. L'Arc-de-Triomphe de l'Étoile, le pont de l'École militaire ont été construits avec le calcaire d'eau douce de Château-Landon, près de Nemours.

Les formations miocènes renferment dans le midi de la France à Saint-Paul-Trois-Châteaux, près d'Aix, et à Fontvielle, près d'Arles, un calcaire coquiller qui fournit d'excellentes pierres de taille dont Marseille et Lyon font une grande consommation et que l'on transporte même en Afrique. En Toscane, l'étage tertiaire supérieur est couronné par un calcaire coquiller, nommé *panchina* par les Italiens, qui possède les mêmes qualités que la pierre de Fontvielle et sert aux mêmes usages.

Enfin, on emploie, en plusieurs lieux, les dépôts calcaires ou *tufs* qui se rattachent aux formations les plus modernes, il en est d'excellente qualité. On peut citer principalement le *travertin* commun en Italie et avec lequel ont été élevés à Rome tous les temples antiques et la plupart des monuments modernes. C'est une pierre blanche ou jaunâtre dont il existe de vastes carrières auprès de Tivoli et dans différentes parties de la Toscane.

C'est à côté du calcaire proprement dit que nous devons mentionner la *dolomie* qui n'en diffère que par la présence d'une notable quantité de magnésie. Cette roche appartient à toutes les formations sédimentaires. On commence à la rencontrer dans les terrains palæozoïques des Pyrénées; elle existe en masses considérables dans le terrain permien de l'Allemagne centrale ainsi que de l'Angleterre; dans le terrain triasique et surtout dans l'étage des marnes irisées, elle forme à des niveaux différents des masses régulièrement stratifiées qui alternent avec du sel gemme, des argiles et du gypse. On la rencontre en couches continues sur de grandes étendues séparées par des couches de calcaire et d'argile à la partie inférieure du lias du sud et du sudouest de la France, notamment dans les départements de la Dordogne, de la Corrèze, du Lot, de l'Aveyron, du Tarn et de l'Hérault. Près Montbron (Charente), elle se montre dans l'étage jurassique inférieur; dans une grande partie de la Provence et sur quelques points du Jura les calcaires portlandiens passent à la dolomie.

Enfin on cite la roche qui nous occupe dans la formation néocomienne. Non-seulement les dolomies sont bonnes pour les constructions mais certaines d'entre elles sont de vrais marbres applicables à la décoration et même à la sculpture.

2. — PIERRES POUR LA DÉCORATION ET LA SCULPTURE.

Pour être propres à la décoration, les pierres doivent être avant tout agréables de couleur et capables de prendre le poli; pour les besoins de la sculpture il faut en outre que leur teinte soit uniforme et que leur dureté soit assez grande pour résister au frottement et conserver, avec leurs angles, les plus fins détails que leur a imprimés le ciseau de l'artiste.

Granite, porphyre, basalte. — Ces roches sont souvent employées à l'état de dalles, soit pour faire des carrelages, soit pour tapisser intérieurement et extérieurement les murs des édifices. On les taille aussi en colonnes dont on peut voir de beaux exemples au Grand-Opéra de Paris. Les variétés globulifères (pyroméride) sont très-estimées. Les anciens ont sculpté ces roches, et l'on sait que de nombreuses statues égyptiennes sont en granite, en porphyre et en syénite. Les énormes têtes anté-historiques de l'île de Pâques sont taillées dans le basalte. Le mélaphyre, ou porphyre vert antique, est souvent utilisé, et on peut voir au Muséum un très-gros vase venant de Giromagny, dans les Vosges.

Ardoises et serpentines. — Les *ardoises* ne sont pas en général susceptibles d'un poli parfait, cependant les variétés foncées, et surtout les noires, sont employées à la place des marbres communs pour faire des consoles et des tablettes de cheminées.

Au contraire, les *serpentines* sont très-recherchées et permettent d'obtenir des décorations splendides. Ces roches offrent en effet toutes les nuances du noir au vert et au jaune, et se polissent parfaitement. Les accidents de couleurs, veines, nodules, etc., auxquels elles doivent leur nom, les rendent très-agréables à l'œil. Associée au calcaire, la serpentine donne l'*ophicalce* ou *verde di Corsica*, qui est une pierre décorative du plus haut prix. Il en est de même des serpentines à diallages, des *variolites*, des *éclogites* et des *euphotides* qui, dans certains cas, deviennent presque des pierres précieuses, et servent à la confection d'objets sculptés de beaucoup de valeur.

Calcaires, marbres, albâtres. — Dans le langage vulgaire, le nom de *marbre* s'applique à toutes les roches susceptibles de poli et propres à la décoration. Cependant les vrais marbres sont de nature essentiellement calcaire ; les diverses variétés sont fondées sur la couleur et la disposition des veines et des taches.

Parmi les marbres unis, il faut citer en première ligne, et d'une manière exceptionnelle, les roches blanches saccharoïdes recherchées des statuaires et qui ont servi de matière première aux plus beaux chefs-d'œuvre de l'antiquité. Les carrières de Carrare et de Paros sont particulièrement célèbres à cet égard. Des marbres unis, blancs, noirs, rouges, jaunes, etc., sont recherchés pour les décorations.

Parmi ceux qui présentent des veines, il faut citer le *Sainte-Anne*, noir et blanc, le *portor*, foncé avec des filets jaunes, le *campan*, rouge ou vert, rempli de matière phylladienne, et qu'on exploite surtout dans les Pyrénées ; le *marbre ruiniforme* de Florence, caractérisé par la présence de la marnolite, et dont l'effet est si remarquable, etc. Certains marbres sont *bréchiformes*, c'est-à-dire constitués par des fragments calcaires cimentés ensemble. Le type en est fourni par le marbre *cervelas*. On peut citer aussi la *brèche de Tholonet*, la *brecciole*, etc., dont les nuances sont très-variées, et que l'on recherche beaucoup.

Le *marbre bleu de Wurtemberg* n'est pas un calcaire ; il appartient à l'espèce anhydrite, et est constitué par du sulfate anhydre de chaux. Il prend bien le poli, mais son peu de dureté et son altérabilité en restreignent l'emploi.

C'est à côté de lui qu'il faut citer les *albâtres gypseux*, dont nous avons des carrières aux portes mêmes de Paris, à Thorigny, et qui sont employés pour faire des

FIG. 35. — Grotte d'Antiparos. (Développement de l'albâtre calcaire en stalactites et en stalagmites.)

sculptures de peu de valeur. L'*albâtre calcaire*, au contraire, constitué par du carbonate de chaux concrétionné, est une pierre splendide propre à la décoration et à la sculpture. On l'exploite avec activité en Algérie et au Mexique, et on peut en voir de toutes parts de beaux échantillons richement travaillés.

Cet albâtre résulte de dépôts faits lentement par les eaux incrustantes et c'est lui qui constitue les stalactites et les stalagmites dans les cavernes (fig. 35).

Nous avons déjà dit que la *dolomie* fournit de vrais marbres. Elle peut être saccharoïde, et offre alors toutes les qualités des plus beaux marbres statuaires.

La *fluorine* doit être citée aussi à cause des objets qu'elle sert à fabriquer. La plus belle vient du Derbyshire, en Angleterre, où elle prend habituellement des teintes violettes et jaunâtres. On pense que les célèbres vases murrhins en étaient faits, et tout le monde a admiré au Louvre, dans la galerie d'Apollon, les objets variés taillés dans cette précieuse substance.

Cristal de roche, agate, jaspe. — Les substances réunies ici sont recherchées surtout pour la sculpture fine et pour la gravure. Le *cristal de roche*, ou quartz hyalin, se présente parfois en cristaux volumineux (fig. 36) propres à être taillés sous des formes variées; mais son extrême dureté donne aux objets ainsi produits un prix des plus élevés. On peut voir au Louvre des coupes et des vases des plus précieux taillés dans le cristal de roche. Le Muséum possède aussi plusieurs belles pièces du même genre dont plusieurs sont originaires de la Chine ; de ce nombre, nous citerons une grosse sphère pleine des plus remarquables par sa limpidité.

Les *agates* et les *jaspes* sont fort recherchés pour la

Fig. 36. — Quartz hyalin ou cristal de roche cristallisé. Groupe de cristaux provenant des montagnes de l'Oisan.

fabrication des petits objets taillés, mais il est rare qu'on les rencontre en blocs volumineux. Nous citerons un magnifique filon qui existe dans les Vosges et dont un échantillon, sous forme de plaque polie, se voit au Muséum. L'excessive dureté de cette roche en met l'extraction à un prix si élevé, qu'on a dû renoncer à suivre le gîte.

C'est à la suite de ces roches qu'il faut mentionner les brèches et les poudingues siliceux. Ils sont propres aux mêmes usages que les roches calcaires de même structure, mais la taille et le polissage en coûtent infiniment plus cher.

Beaucoup d'autres pierres sont employées à l'ornementation. Bornons-nous à énumérer le *jade*, l'*éclogite*, la *grenatite*, le *bois silicifié* (surtout quand il dérive de monocotylédons), le *cannel coal*, la *malachite*, etc.

BIBLIOGRAPHIE

HULL: *Pierres de construction et d'ornementation de la Grande-Bretagne et des pays étrangers.* — GWILT: *Encyclopédie d'architecture.* — *Rapport au Parlement d'Angleterre sur les matériaux de construction.* — *Rapport du jury de l'Exposition universelle de 1867.* — SIMONIN : *Les Pierres, esquisses minéralogiques.* — STANISLAS MEUNIER : *Géologie des environs de Paris.*

CHAPITRE VI

GÉOLOGIE ET ARCHITECTURE

———

DEUXIÈME PARTIE

MORTIERS, BÉTONS ET CIMENTS

L'invention et la préparation des mortiers et des ciments constituent un département essentiel de l'architecture. Il ne suffit pas, en effet, de choisir des pierres d'aspect agréable et de texture solide; nous devons posséder des substances capables de les relier ensemble en une masse compacte. Ce sont ces matériaux agglutinatifs qui vont nous occuper maintenant.

1. — CHAUX ET MORTIERS.

Les calcaires, propres à la fabrication de la chaux, gisent dans toutes les formations géologiques. Le terrain primitif offre ces marbres cristallisés, et les couches stratifiées fournissent ces roches calcaires si variées dont nous avons déjà énuméré les principales dans un paragraphe précédent.

Pierres à chaux grasse. — Les calcaires les mieux appropriés à la fabrication de la chaux déstinée à préparer les mortiers, doivent être exempts le plus possible de silice, d'alumine et de fer. Au sortir de la carrière, la pierre est débitée en fragments modérément gros, puis soumise à la cuisson. Cette opération se fait dans des fours disposés de deux manières principales, suivant que la cuisson doit être continue ou intermittente.

Un four à cuisson continue est formé d'une espèce de cône tronqué en briques réfractaires ayant un foyer extérieur. Pour le charger on construit à sa partie inférieure une sorte de voûte avec des morceaux de calcaire, puis on charge par la partie supérieure le calcaire concassé. Cela fait, on brûle sur la grille un combustible quelconque; la flamme se dirige sur le calcaire à une certaine hauteur au-dessus de la voûte dont nous venons de parler, et on allume alors sous cette dernière un feu de bourrées sèches. Dès que la température est devenue rouge jusqu'au carneau, on cesse de faire du feu sous la voûte, mais on l'active sur la grille. Pour régulariser le tirage, on surmonte le four d'une hotte de tôle. Du côté opposé au foyer est pratiquée au-dessus de la voûte une ouverture par laquelle on retire la chaux à mesure qu'elle est cuite, en la faisant glisser sur un plan incliné. En même temps qu'on extrait de la chaux par la partie inférieure, on recharge le four par la partie supérieure, de manière qu'il n'y a aucune interruption dans la cuisson. Par ce système la chaux n'est pas mêlée de charbon; cependant, dans beaucoup de fours à chaux, on introduit alternativement une couche de calcaire et une couche de charbon grossier; la décomposition se fait mieux mais la chaux est moins pure.

Les fours à cuisson discontinue diffèrent des précédents par le foyer qui est sous la voûte faite en calcaire. On charge le four par la partie supérieure, puis on brûle sous la voûte des fagots de broussailles ou de la tourbe. Après douze heures environ, la calcination se trouve terminée; on laisse refroidir et on enlève la chaux. Par ce mode de fabrication, on obtient de la chaux plus pure, parce qu'elle n'est pas mêlée de charbon; mais le procédé a l'inconvénient de consommer beaucoup de combustible pour réchauffer toute la masse du four à chaque fois.

Dans tous les cas, la chaux vive se transforme en *mortier* par son mélange avec du sable siliceux et une quantité convenable d'eau. Par suite de réactions intestines, ce mélange donne lieu à du carbonate de chaux et peut-être à des silicates de la même base qui peuvent acquérir beaucoup de dureté. Aussi, les pierres englobées dans le mortier arrivent-elles par la dessication de celui-ci à faire corps ensemble d'une manière très-solide.

Plâtre. — C'est ici que doit être cité le plâtre si largement employé comme ciment. On sait qu'il est fabriqué à l'aide du gypse qui consiste lui-même en sulfate hydraté de chaux. Cette roche appartient à toutes les espèces de dépôts que l'on connaît à la surface de la terre, et on peut y distinguer deux sortes principales. La première contient les variétés de gypse, qui sont dues à une véritable précipitation chimique et qui occupent par conséquent dans la série des terrains une position qui leur est propre, et qui assigne la date de leur formation; dans la seconde sorte se rangent les variétés dues à des émanations acides à la suite desquelles des roches calcaires ont été converties sur place en sulfate de chaux et qui sont, par conséquent, épigéniques. L'importance de ces dernières, au point de vue qui nous occupe, est très-faible, et nous les laissons de côté.

« Les gypses de précipitation, dit M. Coquand, se montrent en couches ou en amas plus ou moins considérables, d'abord dans l'étage silurien supérieur, à Duneprez, Brantford, Onéida, Seneca, Cayuga (Canada); puis dans le terrain permien (pays de Mansfeld), dans le grès bigarré (Thuringe), dans le Munchelkalk (Wurtemberg); dans les marnes irisées, où il est très-abondant (chaîne du Jura), Anduze, la Lorraine, Saint-Léger, près de Mâcon, Auriol, Cuers, Roquevaire, Gonfaron (Provence), cap Argentaro (Toscane). »

Le gypse et le sel gemme forment dans les marnes

irisées de la Lorraine des masses lenticulaires et des systèmes de petits filons. Mais les gisements gypseux sont taillés beaucoup plus en petit que les gisements salifères; et, par suite, il y a une multitude de gîtes de gypse, tandis qu'il n'y a qu'un seul gîte de sel. Les gîtes permiens sont composés de masses lenticulaires de gypse et de réseaux de petits filons; les masses lenticulaires sont moins épaisses mais surtout moins étendues que celles du sel gemme. Les groupes de petits filons traversent les marnes dans le voisinage des masses; de là il résulte que chaque gîte de gypse dans son ensemble a la forme d'un gros tubercule qui se divise en assises plus ou moins nombreuses et se termine d'une manière peu nette par une multitude de ramifications. Cette forme tuberculeuse est rendue évidente par la disposition des couches qui le recouvrent. Ces couches, soit qu'elles se composent de marnes, irisées de dolomie compacte, de grès ou de combustibles, vont constamment en se relevant vers les masses gypseuses, par-dessus lesquelles elles se replient en manière de voûte. Quelquefois la courbure de cette voûte est peu prononcée, mais dans quelques cas des masses de gypses peu étendues redressent les couches environnantes jusqu'à la verticale et même les renversent au delà.

Le terrain wealdien contient des dépôts de gypse que l'on exploite dans les environs de Cognac, à Saint-Froult, près de Rochefort, dans le Doubs, à la ville du

Pont et à Orchamps-Vennes. A leur tour les terrains tertiaires sont très-riches en gypse : dans le bassin de Paris, cette substance forme quatre masses séparées par des couches de marnes concordantes avec les couches encaissantes, quoique offrant la disposition de vastes amandes. La butte Montmartre montre l'ordre de succession des diverses parties de la formation gypseuse. On trouve de haut en bas :

10. Marnes blanches, jaunes et vertes, supérieures au gypse;

9. 1re masse ou haute masse;

8. Marnes contenant des cristaux de gypse en fer de lance et des silex dits les *fusils*.

7. Gypse, 3° masse;

6. Marnes à cassures conchoïdes traversées par des filons de gypse blanc souvent fibreux;

5. Gypse, 2e masse;

4. Marnes avec nodules de strontiane sulfatée;

3. Gypse, 4e masse (basse masse des ouvriers);

2. Marnes à retraits polyédriques;

1. Grès et sables infragypseux à coquilles marines.

C'est la deuxième masse (n° 5) qui fournit à l'industrie le plâtre le plus estimé.

On rencontre du gypse ayant le même âge que celui de Paris, à Aix et à Gargas en Provence; en Italie (Castellina, Volterrano); dans les environs de Bologne. En Sicile, dans le Bolognais et près de Pomerance, les gypses sont accompagnés de soufre natif.

La fabrication du plâtre consiste à cuire le gypse à une température de 115 à 120°, à le réduire ensuite en poudre, puis à le tamiser. L'opération s'exécute sous un hangar. On construit avec de gros blocs de gypse une série de petites voûtes, puis on dispose par-dessus des fragments de la même roche, en prenant soin de placer les morceaux les plus volumineux à la partie inférieure. Sous ces voûtes, on allume des bourrées ou des branchages de bois sec ou même du charbon. Lorsque la flamme a atteint la moitié de la hauteur de la masse, on charge le dessus avec des fragments plus menus de pierre à plâtre. Au bout de 10 à 12 heures, le plâtre a abandonné l'eau qu'il renferme ; on arrête le feu et on recouvre la masse de poussier de carrière, afin que la chaleur en dessèche une partie, ce qui constitue un bénéfice de fabrication. L'opération terminée, on démolit les voûtes, on réduit en poudre le plâtre bien cuit, puis on le tamise et on l'expédie dans des petits sacs.

Gâché dans l'eau, le plâtre regagne l'eau que la cuisson lui a fait perdre, mais en même temps il se *prend*, c'est-à-dire passe à l'état de substance dure de la forme du vase où on l'a gâché. Comme, en se prenant, il augmente sensiblement de volume, il se prête merveilleusement au moulage, puisqu'il pénètre dans tous les détails de la matrice. C'est en vertu de la même propriété qu'il cimente si intimement les pierres entre lesquelles on l'insinue.

En remplaçant l'eau par de la gélatine, on donne

lieu au *stuc* dont la couleur peut être variée à l'infinie et qui prend le poli de façon à imiter les marbres au moins jusqu'à un certain point. Beaucoup de recettes ont été données pour obtenir avec le plâtre des résultats variés. Gâché avec une dissolution d'alun, ou avec une solution de borax, ou avec des matières colorantes diverses, il se prête à la préparation des carreaux employés aux décorations intérieures.

Chaux hydrauliques. — On appelle *hydrauliques* les chaux qui donnent des mortiers jouissant de la propriété de durcir sous l'eau. Elles sont très-recherchées pour les constructions des jetées, des phares et de tous les ouvrages à la mer. Les calcaires qui les produisent sont sédimentaires. On peut citer comme exemples les calcaires argileux des terrains jurassique et triasique. C'est dans le terrain portlandien que gisent les plus célèbres, ceux dont la calcination donne un ciment analogue à celui que les Romains ont utilisé dans toutes les contructions parvenues jusqu'à nous. Le lias inférieur donne aussi des pierres à chaux hydraulique extrêmement recherchées.

Nous devons citer comme variété remarquable les nodules calcaires connus sous le nom de septaria, et qu'on recueille par exemple en abondance sur la côte d'Essex en Angleterre (fig. 37).

D'après les recherches des chimistes, l'hydraulicité ne se présente que dans des chaux contenant une proportion convenable d'alumine et de silice, et c'est

pour cela qu'on l'obtient en calcinant des mélanges de
calcaire pur et d'argile. Quant à la théorie du phénomène, M. le professeur Frémy admet que l'aluminate
de chaux, résultant de la réaction de l'alumine sur la
chaux, joue le rôle prépondérant, mais ce n'est pas
l'unique agent de la prise. Pendant la calcination, il se
forme aussi des silicates décomposables par les acides
qui ne peuvent fixer d'eau ni durcir seuls, mais qui

FIG. 37. — Nodule calcaire cloisonné dit *Septaria*, éminemment
propre à la fabrication de la chaux hydraulique.

peuvent durcir en mélange avec de la chaux à la manière des pouzzolanes. Cette chaux est fournie par
l'aluminate qui se décompose au contact de l'eau.

Nous devons ajouter cependant que la manière de
voir de notre célèbre compatriote n'a pas été adoptée
par tous les chimistes, et qu'il y a au sujet de la prise
des ciments hydrauliques autant d'opinions que d'auteurs. D'après M. Hoffmann, ces divergences sont dues
à ce qu'on n'a pas distingué suffisamment entre le

phénomène chimique et le phénomène physique dont la réunion constitue la réaction étudiée.

Les *pouzzolanes*, dont nous venons de citer le nom incidemment, sont des matières d'origine volcanique dérivant des laves et des scories par une décomposition et qui jouissent de l'hydraulicité au plus haut degré.

2. — CIMENTS.

Après ce qui a été dit tout à l'heure, nous n'avons plus à mentionner, pour terminer l'énumération des substances propres à cimenter ensemble les matériaux de constructions, que les bitumes et les asphaltes, dont la propriété principale est d'être hydrofuges. La mer Morte, l'Albanie, la Trinité, le Texas, le Val de Travers dans les Alpes, fournissent beaucoup de cette substance. En France, le département de l'Ain, à Seyssel, en présente des exploitations considérables, dans le terrain néocomien ; on en trouve aussi près Pont-du-Château (Puy-de-Dôme), à Bastennes dans les Landes, à Dauphin et Manosques dans les Basses-Pyrénées, enfin à Lobsann dans le Bas-Rhin. Pour l'extraire des roches qu'il imprègne, il suffit de jeter ces roches dans l'eau chaude : l'asphalte vient nager à la surface où il est facile de le recueillir. On le coule alors en pains qui sont expédiés pour l'usage.

Pierres artificielles. — Béton aggloméré. — De puis ces dernières années, on fabrique avec du béton des blocs destinés à remplacer les pierres de taille et les moelons dans les constructions. On en fait aussi avec du ciment hydraulique et rien n'est meilleur pour la construction de tous les ouvrages à la mer.

Un des avantages importants de ce mode opératoire est de diminuer de beaucoup les transports. Dans beaucoup de cas, en effet, c'est du sable pris au point même où l'on veut bâtir qui est transformé en pierres artificielles par du ciment romain gâché avec lui. En outre, on peut aussi faire des constructions monolithiques, et c'est ce que montre, par exemple, la grande arche du pont qu'on peut voir à Saint-Denis près du chemin de fer et qui est formée de béton aggloméré.

Apoénite ou *pierres de Ransome*. Dans l'origine, les pierres de Ransome étaient formées de sable additionné de chaux hydraulique, de pouzzolane, de ciment romain, etc., amenés à l'état de pâte avec du silicate de soude soluble, moulé et exposé à une très-haute température dans un four. Sous l'influence de la chaleur, le silicate de soude se combine avec un excès de silice emprunté au sable, et passe à l'état de verre insoluble, faisant agglomérer, et transformant en un corps solide les particules primitivement mobiles.

Cette pâte ne se contracte pas et craque très-rarement dans le four. Mais cette pierre artificielle a l'inconvénient d'être chère et d'exiger la cuisson. Aussi M. Ransome donne-t-il de beaucoup la préférence aujourd'hui à une nouvelle pierre concrète (*concrete stone*) qu'il a découverte comme par hasard. On mêle tout simplement le sable à du silicate de soude liquide, on moule et on plonge la pierre moulée dans du chlorure de calcium ; l'objet ainsi moulé devient presque immédiatement dur et parfaitement compacte ; il a toutes les apparences d'un objet solide parfaitement durable, ne renfermant en lui aucun élément de destruction.

Cette pierre, dit-on, coûterait peu. On peut la fabriquer sur place, aussi polie que l'on veut, avec des matières peu chères, faciles à se procurer et à transporter, de toutes les grandeurs et de toutes les formes voulues. Faite avec du sable cimenté par du silicate de chaux il ne semble pas qu'elle puisse être altérée par les intempéries de l'air ; sa résistance à la traction ou à la pression est très-considérable comme on en peut juger par les expériences suivantes :

1o Une barre à faces parallèles de la pierre concrète à section carrée de 4 pouces anglais de côté, reposant par ses deux extrémités sur des supports en fer, de telle sorte que les portions appuyées eussent un pouce de longueur, la portion libre entre les supports étant de 16 pouces anglais, porte en son milieu, sans se rompre, un poids de 2,122 livres ; dans les mêmes conditions et les mêmes dimensions, la pierre célèbre de Portland se brisait sous un poids de 759 livres 1/2 ;

2º Des barres de la pierre concrète ayant 5 pouces 1/2 carrés de section dans l'endroit le plus faible, et tirées verticalement, ont porté des poids de 1,980 livres, tandis que des barres semblables de pierre de Portland ne portaient que 1,104 livres; celles de Bath 795; celles enfin de Caen 768.

3º Un cube de pierres de Ransome de 4 pouces de côté a porté sans s'écraser un poids de 30 tonnes.

BIBLIOGRAPHIE

WAGNER : *Manuel de chimie technologique.* — REID : *Traité pratique sur la fabrication du ciment de Portland.* — URE : *Dictionnaire des arts et manufactures.* — BURNELL : *Traité élémentaire sur les chaux, les ciments, les mortiers, etc.* — KNAPP : *Chimie technologique.* — VICAT : *Mémoire sur la prise des ciments.* — COIGNET : *Bétons agglomérés.* — BARRUEL : *Chimie technologique.* — BARRESWILL ET GIRARD : *Dictionnaire de chimie appliquée.*

CHAPITRE VII

GÉOLOGIE ET GÉNIE CIVIL

Le génie civil constitue l'une des professions les plus vastes et les moins définies que l'on connaisse. On le retrouve partout, qu'il s'agisse de constructions architecturales, de machines ou d'exploitation du sol. Pour tracer les routes et les chemins de fer, pour creuser les canaux, les docks et les ports, pour régulariser le cours des rivières et les rendre navigables, pour alimenter d'eau les villes que nous habitons, l'ingénieur a à chaque instant à appliquer les données de la Géologie. C'est pourquoi nous allons très-rapidement résumer quelques faits montrant l'utilité des connaissances géologiques pour les travaux publics.

1. — CONSTRUCTION DES ROUTES.

Géologiquement parlant, l'ingénieur qui doit construire une route a trois choses principales à considérer : le choix du trajet à suivre, la nature des véhicules qui doivent circuler sur la route nouvelle pour savoir quelles pentes, quels enrochements et quels ponts seront nécessaires pour rendre la traction aussi aisée que possible, enfin la qualité des matériaux susceptibles d'être utilisés pour le ferrement et le macadamisage de la voie. Au sujet des tranchées, il est souvent très-utile de considérer la nature même des roches traversées qui peuvent soit servir de matériaux propres à la construction de la route, soit donner lieu plus tard à des exploitations spéciales et productives. Il faut aussi, dans beaucoup de cas, faire grande attention à leur structure, qui devient tantôt utile, tantôt dangereuse. Ainsi, il n'est pas rare de percer la route au travers de calcaires et de schistes en dalles qui peuvent immédiatement être employés à la confection des trottoirs, de basaltes ou de porphyres prismatiques qui constituent de bons pavés, etc. Mais on rencontre souvent aussi des roches feuilletées qui peuvent menacer la route d'éboulements désastreux et contre lesquels il faut prendre des précautions spéciales. D'un autre côté, si les excavations faites par la route amènent à recouper des roches succeptibles d'application, l'ingénieur fera bien de ménager l'entrée des futures carrières, car la valeur des matériaux exploités augmente beaucoup avec la proximité d'une bonne route et la facilité des transports.

Ces considérations se rapportent surtout aux routes tracées dans des pays peu accidentés. Au milieu des montagnes, les difficultés sont bien plus grandes en-

core et les précautions à prendre beaucoup plus mi-
nutieuses; aussi les connaissances géologiques sont-
elles d'autant plus nécessaires.

Pour ce qui concerne les enrochements et les ponts,
il faut bien étudier la constitution géologique du sol
qui doit supporter ces travaux, car on pourrait sans
cela arriver à des mécomptes graves. Les terrains tourbeux et argileux, par exemple, peuvent céder sous le
poids qu'on leur donne à porter et amener la destruction de tout l'ouvrage. On en a eu un exemple remarquable aux portes mêmes de Paris lors de la construction du chemin de fer de Versailles. Le grand pont du
Val-Fleury à Meudon, reposant sur des couches d'argile plastique, les matériaux apportés ont amené un
refoulement de cette dernière qui, se soulevant dans un
point voisin, a déterminé la chute de plusieurs maisons.

Enfin, relativement aux matériaux propres à ferrer
la route, il va de soi qu'il importe de les trouver le
moins loin possible du point où on les utilise. Pour
cela, il faut souvent se livrer à une vraie exploration
géologique du pays et savoir apprécier les qualités des
diverses roches qu'on rencontre. Suivant les points des
calcaires durs, des grès, des silex, des quartzites, des
porphyres, des granites, pourront être utilisés; souvent on arrive à des résultats satisfaisants en mélangeant plusieurs roches. Dans beaucoup de régions des
environs de Paris on emploie concurremment le silex

pyromaque et la meulière, et certains calcaires com-
pacts ordinairement d'eau douce.

2. — CONSTRUCTION DES CHEMINS DE FER.

La construction des chemins de fer ressemble beaucoup, à notre point de vue, à celle des routes ordinaires. Comme précédemment, il faut avant tout que l'ingénieur se rende compte de la valeur que peuvent
avoir les matériaux extraits des tranchées (fig. 38) et
des tunnels (fig. 39), et qu'il signale les substances
utiles : couches de houille, veines métalliques, pierres
de constructions, etc., que les travaux recoupent.
D'ailleurs, les devis qu'on établit avant de tracer une
ligne de chemins de fer ne peuvent être assis que sur
une connaissance exacte de la Géologie des régions
traversées, car tous les prix de main-d'œuvre varient
naturellement avec la nature des roches traversées.

Il est un seul fait qu'il nous paraît utile de signaler,
c'est la nécessité de pourvoir à l'approvisionnement
d'eau le long de la ligne. L'eau est en effet indispensable à la fois pour les besoins particuliers des stations et pour l'alimentation des locomotives. Pour
assurer cet approvisionnement d'une manière permanente, il est indispensable de faire des recherches,
vraiment géologiques, et parfois sur une vaste surface.
Il faut ensuite réunir des sources, les *capter*, suivant le

FIG. 38. — Construction des chemins de fer. — Tranchée et tunnel.

terme technique, et construire des conduits pour les amener sur les points où leur usage est nécessaire. Il est d'ailleurs impossible de décrire d'une manière générale ce qu'il y a à faire à cet égard ; les choses varient dans chaque cas particulier.

3. — CONSTRUCTION DES CANAUX.

Dans un pays plat et riche en eau, il n'y a rien de plus simple au point de vue géologique, que de construire un canal. Mais dans une région accidentée, dont les roches constituantes sont variées et inégalement pourvues d'eau ou n'ayant que de l'eau déjà utilisée par des industriels, l'établissement d'un canal devient une entreprise qui demande souvent la plus grande perspicacité de la part de l'ingénieur. Dans ce dernier cas, ce n'est pas la plus courte route qu'il s'agit de suivre, mais celle qui fournit au moindre frais un niveau constant ; il faut faire des tranchées, percer des tunnels, construire des aqueducs ; il faut surtout assurer une alimentation d'eau qui maintienne le canal dans un état convenable malgré l'évaporation, les infiltrations et les autres conditions qui peuvent se présenter. Aussi les connaissances géologiques ont-elles à s'appliquer ici à chaque instant.

En ce qui concerne les tranchées, les tunnels, les remblais (fig. 40) et les aqueducs, on peut dire que tout

FIG. 39. — Percement d'un tunnel à l'aide de la perforation employée au Mont-Cenis et au Saint-Gothard.

ce que nous avons indiqué à l'égard des routes et des chemins de fer doit être répété ici avec cette addition qu'il faut s'arranger de façon à rendre dans tous les cas, le fond du canal imperméable à l'eau.

Une autre condition indispensable de tout canal bien construit est de disposer d'un abondant et régulier approvisionnement d'eau. La perte par évaporation et infiltration est très-considérable, et pour la compenser il faut de toute nécessité avoir un réservoir disposé à un niveau supérieur. Une connaissance approfondie du régime pluviométrique de la région est indispensable, ainsi que la notion des accidents hydrologiques du pays. Il arrive souvent que le réservoir doit être établi loin du canal, et les difficultés d'établissement sont quelquefois considérables. C'est toujours par des considérations géologiques qu'on arrive à les résoudre.

4. — CONSTRUCTION DES PORTS ET DES DOCKS.

Il faudrait encore nous répéter pour décrire les conditions à remplir dans la construction des ports et des docks. La particularité caractéristique de ce genre de travaux est qu'il faut compter avec l'énergie prodigieuse que la mer déploie pour détruire les obstacles que l'on oppose à ses mouvements naturels. M. Stevenson, par exemple, a reconnu que, dans les Hébrides, l'effort exercé par la mer sur la côte est, pendant les mois d'été, égale à 611 livres par pied carré, et pen-

Fɪɢ. 40. — Construction de canaux. — Disposition d'un remblai sur lequel un canal doit être établi.

dant les mois d'hiver à 2,086 livres sur la même surface. C'est assez dire qu'il faut choisir des matériaux de construction aussi solides que possible. D'ailleurs il n'y a rien de général quant à la nature de ces matériaux : dans telle localité, on prendra du granit; dans telle autre, du calcaire; ailleurs des grès; ici des porphyres ou des basaltes; là des pierres artificielles, etc.

5. — RÉGIME DES RIVIÈRES.

L'ingénieur a à s'occuper des rivières, à trois points de vue principaux : d'abord pour en approfondir le lit afin de le rendre navigable; en second lieu pour en endiguer le courant afin de l'empêcher de se déverser sur les terres des deux rives; enfin pour protéger les portions basses du cours et spécialement les deltas contre les entreprises de la mer.

Le plus souvent l'approfondissement du lit des rivières est facile à l'aide du dragage; pourtant il arrive aussi que des filons de roches dures coupent le chenal et ne peuvent être attaqués que par la mine. On est prévenu de cette circonstance par l'examen géologique des deux rives qui suffit pour montrer la méthode convenable au but qu'on se propose.

La disposition à adopter pour les barrages destinés à prévenir les inondations des rives résulte surtout de l'étude préalable des conditions géologiques et météorologiques du bassin fluvial. Évidemment les mesures à prendre sont tout à fait différentes suivant qu'il s'agit d'une rivière tranquille comme la Seine ou d'un cours d'eau irrégulier dans ses allures comme la Loire ou la Garonne.

Enfin l'endiguement des embouchures pour les préserver des incursions de la mer demande souvent des soins tout spéciaux. On n'arrive au succès qu'en se conformant à l'économie générale de la mer au point en question; c'est-à-dire en construisant tous les obstacles de façon que les courants ne les abordent que tangentiellement. Du reste la Géologie s'applique à ce genre de travaux exactement comme aux précédents.

6. — APPROVISIONNEMENT ET DISTRIBUTION D'EAU.

Depuis que les cités se sont si largement accrues et que la consommation de l'eau pour les usages domestiques, sanitaires et industriels a pris des proportions si considérables, il n'y a pas de sujet plus digne d'exercer la sagacité de l'ingénieur civil que celle qui fait l'objet de ce chapitre. A côté des constructions proprement dites de réservoirs et de conduites se place la question capitale de déterminer la quantité des eaux qu'on peut recueillir et leur qualité résultant de leur composition. A cet égard les connaissances géologiques et chimiques sont indispensables.

Les eaux que l'on recueille dans une localité donnée

dérivent en définitive des pluies reçues dans le bassin où cette localité est située. Il faut savoir se rendre compte de l'influence de la géographie physique et de la végétation sur la quantité d'eau météorique qu'on peut recueillir. Mais cette notion est fort incomplète si l'on n'y ajoute celle de la structure intime du sol. Il faut savoir s'il est imperméable ou poreux ou plutôt à quelle profondeur se présentent les couches imperméables à l'eau. Cette étude, en indiquant quels genres de travaux il convient d'exécuter pour capter les eaux, font souvent reconnaître aussi plusieurs niveaux aquifères superposés les uns aux autres. Dans beaucoup de localités on reconnaît des niveaux très-profonds qui, à la faveur de forages, peuvent donner de l'eau jaillissant d'elle-même jusqu'à la surface du sol ou même plus haut.

Nous devons donc, pour être complet, dire successivement un mot : 1° des sources de surface et des puits peu profonds, et 2° des puits artésiens destinés à faire venir au jour l'eau des niveaux inférieurs.

Sources et puits de surface. — Les eaux de sources sont très-recherchées, mais elles sont en général moins abondantes que les eaux de surface et l'on ne peut les admettre dans les réservoirs d'alimentation sans les avoir examinées avec soin. Souvent, en effet, elles sont dures, impures et impropres aux usages auxquels on les destine, sauf dans le cas où l'on peut les diluer assez avec de l'eau meilleure. La nature des roches d'où sortent les sources explique la plupart de leurs caractères ; leur température propre tient d'ordinaire à la profondeur d'où elles proviennent. Les eaux superficielles s'échauffent et se refroidissent à peu près comme l'air extérieur ; les eaux profondes ont une température constante et d'autant plus élevée que leur point de départ est plus profond.

Quant aux puits que l'on creuse journellement pour aller trouver les nappes d'eaux souterraines on ne peut rien dire de général à leur égard, mais on comprend combien la nature géologique des couches à traverser influe sur la facilité du travail, sur son prix de revient et sur la nature de l'eau.

Souvent des puits sont creusés pour trouver des sources qui ne peuvent se faire jour d'elles-mêmes. C'est dans ces cas surtout que la Géologie est d'un grand secours. C'est au point qu'elle peut servir de base aux prévisions des découvreurs de sources dont le type restera longtemps en France associé au souvenir de l'abbé Paramelle. On sait que cet hydrologue praticien est arrivé, à l'aide de règles empiriques déduites de l'examen géologique du sol, à révéler des sources innombrables qui ont répandu la prospérité là où naguère existaient des champs desséchés et arides.

Puits artésiens. — Les nappes aquifères qui existent à diverses profondeurs dans l'intérieur de la terre peuvent, au moyen d'un forage, être ramenées à la surface du sol. Cette découverte, toute française, est

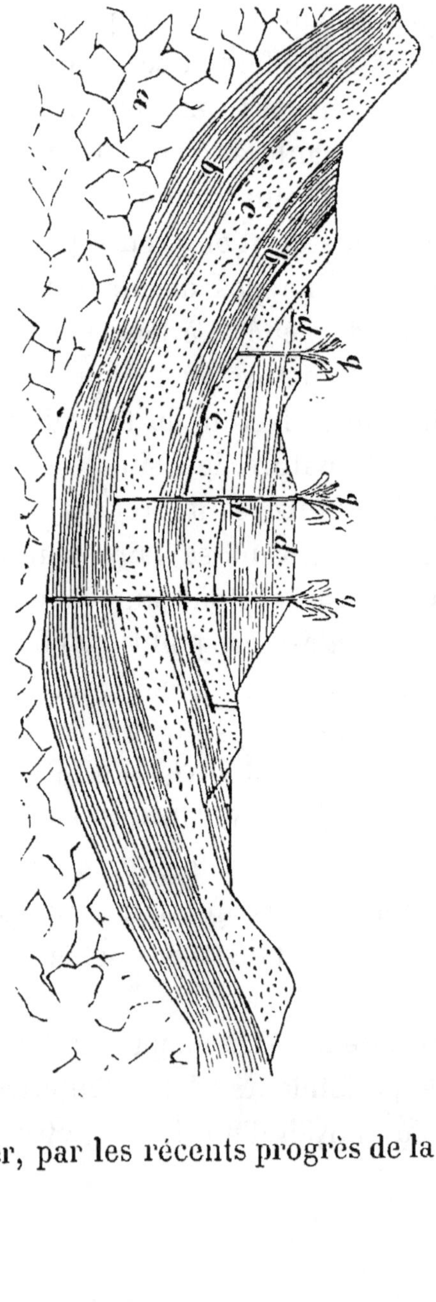

FIG. 41. — Coupe transversale d'un bassin où se trouvent trois puits artésiens q, q, q, alimentés par trois niveaux d'eaux. a, granite; b, b, b, couches imperméables; c, c, couches perméables; d, d, dépôt superficiel.

acile à expliquer, par les récents progrès de la science.

La Géologie nous apprend que la plupart des couches qui constituent l'écorce terrestre ont été dérangées de leurs positions primitives par l'action de soulèvements et d'affaissements; de sorte qu'elles présentent aujourd'hui une série d'ondulations (fig. 41). Les parties relevées de ces couches se montrent à la surface, tandis que les parties non relevées ont été recouvertes par des dépôts postérieurs. Des couches, formées de graviers ou de sable, sont placées entre deux couches d'argile imperméable. Des dépôts formés postérieurement recouvrent en partie les couches redressées dont nous venons de parler.

Or, comme l'eau de la surface s'infiltre à travers tout dépôt perméable, elle pénétrera facilement dans la couche de graviers par ses parties dénudées, en suivra les contours et s'y accumulera d'autant plus qu'elle n'aura aucune issue pour en sortir : il se formera donc ainsi un réservoir d'eau souterrain. Maintenant si l'on vient à percer tous les dépôts postérieurs et la couche supérieure d'argile, l'eau souterraine jaillira par le trou de sonde pour se mettre de niveau avec le point le plus élevé de la colonne d'eau qui la presse, comme cela arrive aux jets d'eau de nos jardins. Ceci posé on conçoit que ces eaux s'élèvent à des hauteurs diverses : dans quelques contrées, elles n'arrivent pas jusqu'à la surface; dans d'autres, au contraire, elles s'élèvent à une hauteur prodigieuse, comme au puits artésien de Grenelle. Dans tous les cas, l'eau s'élève toujours au niveau de la partie supérieure des eaux du réservoir.

Ainsi, la condition essentielle pour obtenir un puits artésien est la présence d'une couche perméable, relevée suffisamment de toutes parts et aboutissant à la surface ; de plus, cette couche perméable doit être placée entre deux couches imperméables. Les sondages profonds ont fait connaître qu'il existe quelquefois plusieurs nappes d'eau souterraines superposées de cette manière, et c'est ce que montre la figure précédente ; et, conformément à la théorie de la chaleur centrale, la nappe la plus profonde a toujours une température plus élevée que les autres. D'après ce qui vient d'être dit, on conçoit que le jaillissement des eaux artésiennes peut aussi avoir lieu naturellement par des fissures résultant de dislocation diverses ; de là l'explication de certaines sources jaillissantes et intarissables, comme, par exemple, celles de Vaucluse et de Nîmes.

Le forage des puits artésiens entraîne quelquefois à des dépenses considérables, car la rencontre de ces nappes ne peut guère être prévue que dans des bassins à stratification régulière, présentant des alternances de sables et d'argiles, comme dans les terrains tertiaires. On sait que M. Héricart de Thury, établissant ses calculs d'après l'épaisseur des couches observées sur plusieurs points du bassin parisien, avait annoncé qu'on ne trouverait, à Grenelle, de l'eau jaillissante qu'à une profondeur de 550 à 560 mètres. Elle fut trouvée à 548 mètres, et à la température de 27°8 au-dessus de zéro. On voit combien les observations géologiques sont nécessaires dans de semblables recherches.

Mais c'est rarement à d'aussi grandes profondeurs qu'on se propose d'aller chercher de l'eau : à de telles conditions elle exigerait des travaux trop dispendieux. Heureusement on trouve des eaux jaillissantes à des profondeurs beaucoup moins considérables; et, grâce aux perfectionnements apportés aux forages à gros diamètre, ces sources, souvent intarissables, finiront probablement par jouer un rôle important en agriculture. On présume même qu'au moyen de ces eaux, il ne serait pas impossible de rendre à la culture quelques parties des déserts de l'Afrique.

Les geysers (fig. 42) constituent comme des puits artésiens naturels dont la profondeur est très-grande et dont l'eau jaillissante est, par conséquent, très-chaude.

Lacs et réservoirs. — Dans la plupart de nos grandes villes la consommation est bien trop considérable pour que des sources et des puits soient suffisants à y satisfaire. L'ingénieur doit alors avoir recours à des lacs, à des cours d'eau, ou à des réservoirs situés à un niveau supérieur et quelquefois à une grande distance. C'est, pour citer l'exemple le plus caractéristique, ce qui a été fait récemment par la ville de Paris, maintenant alimentée par les eaux de la Dhuys et de

FIG. 42. — Le grand geyser d'Islande au moment d'une éruption.

la Vanne amenées de régions très-éloignées par de magnifiques travaux d'art.

Ici encore il faut que l'ingénieur fasse usage à chaque instant de notions géologiques, et nous pouvons, à cet égard, nous reporter exactement à ce que nous avons dit pour les grands travaux publics précédemment cités.

BIBLIOGRAPHIE

Law et Burnell : *Génie civil.* — Rankine : *Génie civil.* — Burgogne : *Construction et entretien des routes.* — Stephenson : *Construction des chemins de fer.* — Collignon : *Chemins de fer.* — Alphand : *Puits artésiens.* — Belgrand : *Alimentation en eau de la ville de Paris.* — Dru : *Puits artésiens.* — *Bulletin de la société des ingénieurs civils.* — Oppermann : *Annales de la construction.* — Stevenson : *Construction des phares.* — Hughes : *Approvisionnement d'eau des villes.* — Burnell : *Forages des puits et construction des pompes.* — Prestwich : *Régime géologique des eaux de la ville de Londres.* — *Annales des Ponts et Chaussées*

CHAPITRE VIII

GÉOLOGIE ET EXPLOITATION DES MINES

Il n'existe aucune profession qui soit plus en rapport avec la Géologie que celle du mineur et de l'ingénieur des mines. Il est vrai que l'exploitation du sol est de beaucoup antérieure à la constitution de la science de la terre, mais empirique pendant longtemps, elle n'a acquis sa sûreté actuelle qu'après la découverte des lois naturelles dont elle avait d'ailleurs permis, par une réciprocité admirable, d'aborder et de poursuivre l'étude. Les notions à mettre en pratique sont, du reste, différentes suivant qu'il s'agit de carrières à ciel ouvert, de mines dans les terrains stratifiés, d'exploitation des filons et des veines ou enfin du lavage des placers. C'est pourquoi nous avons distribué ce qui suit en quatre paragraphes distincts.

1. — CARRIÈRES ET EXPLOITATION A CIEL OUVERT.

Ces exploitations sont établies tantôt dans les terrains stratifiés et tantôt dans la masse même de roches

FIG. 43. — Carrières de sel à ciel ouvert, à Cardona.

massives; les méthodes mises en œuvre sont loin d'être les mêmes dans les deux cas.

Carrières dans les terrains stratifiés. — Dans l'exploitation des roches la méthode ordinaire consiste à enlever la matière jusqu'à ce que la couche située au-dessus des matériaux utilisables devienne trop épaisse pour pouvoir être aisément enlevée. De là vient

10

qu'il existe si fréquemment sur les flancs de nos collines les restes d'anciennes carrières maintenant abandonnées (fig. 43). Comme le déplacement des matériaux sus-jacents entraîne à des dépenses considérables, l'exploitant doit toujours chercher à les utiliser. Quand ils consistent en argile on les peut convertir en briques. C'est ce qui se fait aux portes mêmes de Paris, à Ivry par exemple, où le calcaire grossier extrait à ciel ouvert est recouvert d'une épaisse couche de limon. Quand la roche exploitée est recouverte de débris suffisamment durs on en fait du macadam pour les routes. Cela se produit dans la même localité où le diluvium rouge étalé sur le calcaire grossier est précieusement recueilli par le service des Ponts et Chaussées. Dans tous les cas les déblais peuvent être employés à combler les anciennes carrières et à permettre ainsi à l'agriculture de reprendre possession de points d'où le carrier l'avait chassée.

Souvent cependant la couche superposée à la roche recherchée est trop épaisse pour pouvoir être remuée; il arrive alors, quand la chose en vaut la peine, que l'exploitation est continuée par galeries souterraines; c'est ce que nous montrent par exemple divers points d'Issy et du Bas-Meudon. Il arrive même qu'on commence par rejoindre la couche, verticalement, par un puits de la partie inférieure duquel partent des galeries horizontales; la plaine située au sud de Paris, autour de Montrouge et de Gentilly est criblée de pareils puits signalés de loin par les roues à chevilles qui surmontent chacun d'eux et qui servent à amener les matériaux à la surface du sol.

Carrières dans les roches non stratifiées. — Les carrières ouvertes dans les roches massives, comme les basaltes, les mélaphyres, les granites et les porphyres sont établies sur la pente des montagnes ou des collines, sauf dans les cas où la substance exploitée se présente sous forme de dykes ou de filons au travers des formations sédimentaires. Biens qu'elles soient dures et cristallines, leur extraction est facilitée par leur structure : les basaltes et les mélaphyres étant plus ou moins colonnaires, les granites tabulaires et cuboïdes et les porphyres traversés en sens divers par des fissures entrecroisées.

Une fois une ouverture suffisante pratiquée dans la masse, les colonnes de basalte sont facilement extraites, elles sont verticales dans les nappes et horizontales dans les dykes. Les mélaphyres sont moins constamment colonnaires et lorsqu'ils sont massifs, le travail d'exploitation est plus considérable. La même remarque s'applique aux carrières de porphyre et d'eurite qui sont habituellement fissurés. Pour le granite dont la consommation est si énorme, on doit avant tout chercher à produire le moins de débris possible à cause de l'encombrement qui en résulte. Les joints de la roche permettent habituellement de préparer les dalles commodément et les débris peuvent souvent être employés au macadam. Toutefois s'il s'agit de faire des pièces volumineuses et spécialement des monuments monolithiques, comme on en admire dans toutes les grandes villes, il faut souvent remuer des masses énormes de roche avant de rencontrer un bloc naturel assez gros pour le but proposé. De là des résidus dont il peut être difficile de se débarrasser et qui gênent l'exploitation ultérieure.

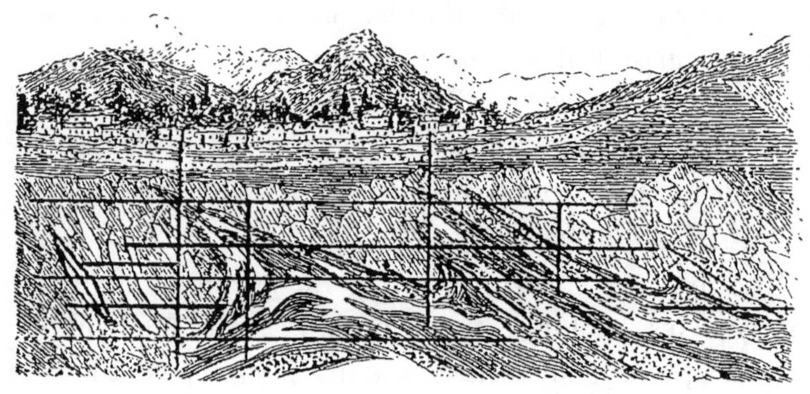

Fig. 44. — Coupe de la mine de sel de Welieska, en Pologne.

2. — MINES DANS LES TERRAINS STRATIFIÉS.

Parmi les roches stratifiées qui sont exploitées dans de véritables mines, il faut citer en premières lignes la houille, puis les ardoises, les argiles réfractaires, les minerais de fer en couche, le sel gemme (fig. 44). Il est rare qu'on puisse les aborder par leurs affleurements ; le plus souvent on les recoupe par des puits verticaux d'où partent des galeries horizontales ou parallèles aux couches exploitées.

Le forage des puits, la construction des machines destinées à pomper l'eau d'infiltration et à élever hors de la mine les produits de l'extraction, l'établissement des appareils d'aérage, produisent souvent des dépenses considérables ; de là la nécessité de ne rien faire avant qu'un examen approfondi n'ait indiqué la probabilité du succès.

L'objet de cette étude préliminaire est d'obtenir une idée approximative de l'étendue du champ d'exploitation, de la profondeur et de l'épaisseur des couches productives, de la continuité et de la régularité de ces couches souvent interrompues par des rejets des failles, des dykes, etc.

Nous pourrons citer beaucoup d'exemples à l'appui de cette nécessité de bien étudier toutes les données du problème qui se pose devant celui qui veut établir une mine. Il suffira de rappeler ici ce qui s'est présenté il y a peu d'années aux environs de Nancy dans les établissements destinés à l'exploitation de la couche de minerai de fer oolithique,

Pendant que les uns ont réalisé des bénéfices énormes, on peut en voir de très-voisins qui n'ont jamais pu être mis en usage à cause des variations de richesse et d'épaisseur de la couche.

Recherches préliminaires. — En faisant des recherches préliminaires dans des localités où il n'existe point de carte géologique authentique, l'investigateur possède généralement deux sources de renseignements, la naturelle et l'artificielle. Des sections naturelles très-instructives se présentent souvent dans les falaises, dans les ravines et dans les cours d'eau ; des sections artificielles se voient dans les coupes de routes, dans les tunnels de chemins de fer, dans les puits nouvellement creusés, dans les carrières et autres excavations semblables. Chaque fois qu'une roche paraît à la surface ou se fait voir dans un fossé ou dans le drainage d'un champ, il faudrait prendre note de ce fait, en remarquant bien l'inclinaison et le caractère du gisement, car ce n'est que par de pareilles observations qu'on peut arriver à se faire une idée nette de la structure du terrain. Après avoir obtenu, par un tel examen quelque notion de l'étendue du terrain, de la succession et de l'épaisseur des couches, de leur inclinaison générale, et aussi après avoir reconnu jusqu'à quel point la superficie est régulière ou interrompue, l'ingénieur des mines peut supplémenter et corroborer ses renseignements au moyen de puits d'épreuve ou de forages.

Les forages profonds sont des opérations lentes et coûteuses, aussi doit-on mettre le plus grand soin à en bien fixer la position, et à étudier les roches à travers lesquelles on passe. Le *ciseau ordinaire*, dans sa descente, écrase et réduit tout à l'état de poudre ou de

pâte, et il faut une grande expérience pour reconnaître
à son aide la nature précise des rochers qu'il traverse.
L'introduction de machines à forer, telles que celle de
MM. Kind, Beaumont, Mather et Platt, qui non seule-

Fig. 45. — Creusement d'un puits d'extraction.

ment font un forage plus large, mais qui rapportent un
échantillon de chaque couche qui se trouve percée,
donnent des sections parfaites du terrain qui ne peuvent manquer d'être d'une haute valeur pour l'ingénieur
des mines.

Sondage. — Quand on a choisi une site pour le sondage qui peut être d'une profondeur de 30 à 300 brasses,
le procédé est généralement excessivement lent et dis-

pendieux (fig. 45). — Après avoir traversé à grand'peine l'épaisseur, souvent très-considérable des accumulations superficielles, l'ingénieur parvient aux couches stratifiées, lesquelles, dans la formation houillère proprement dite, se composent d'alternances de grès, d'ardoise, d'argile réfractaire, de houille, de minerai de fer et de calcaire. Quelle que soit la profondeur du sondage, celles-ci sont les roches normales à travers lesquelles il doit passer. Il peut y avoir des variétés de grès, d'ardoise ou de houille — les unes dures, les autres tendres — mais telles sont les couches alternantes de la formation de houille, qu'elle ait une épaisseur de mille ou de dix mille pieds. Aucune de ces roches n'est difficile à perforer, mais quelques-uns des grès les plus mous sont laminés obliquement et disposés aux éboulements, tandis que les ardoises sont souvent courtes et tendres, et il est nécessaire d'assurer leur solidité par des murs ou des planches. Même en faisant sauter du grès solide, il faudrait faire attention de ne pas le briser et secouer sans nécessité en en mettant la charge trop près du bord, et on trouvera à la longue qu'il vaut mieux dépenser un peu plus pour faire creuser que de s'exposer à l'éboulement du sondage par suite de parois brisées ou faibles. Quelquefois on rencontre des masses interstratifiées de basalte ou de mélaphire, lesquels, quoiqu'ils présentent, une fois percés, des parois fortes et durables, sont souvent gênants et coûteux, puisque leur percement coûte généralement plus par pied que les roches ordinaires stratifiées ne coûtent par brasse.

Exploitation. — En exploitant une couche quelconque (fig. 46), houille, ardoise, argile réfractaire, minerai de fer, calcaire ou sel gemme, beaucoup dépend de sa dureté ou de sa mollesse, la nature du plafond (*toit*) et du plancher (*mur*), la présence d'eau et le développement de gaz méphitiques. Les houilles dures, comme la schisteuse et la cannelée exigent un traitement différent de celui que demandent les houilles molles ; les ardoises dures et les argiles réfractaires ne peuvent pas être traitées comme le calcaire cristallin, et il ne faut pas se fier à un toit d'ardoises à courtes écailles brisées, comme à un toit d'une nature solide et pierreuse.

Les exploitations humides demandent un tout autre dispositif que les exploitations sèches, et les houilles exigent des précautions tout à fait inutiles dans les mines qui sont exempts de gaz explosifs.

Ici nous devons faire remarquer que, vu la consommation annuelle continuellement croissante de produits minéraux, l'augmentation des prix (de la houille en particulier) et la certitude que la provision en est limitée et doit nécessairement, à une époque plus ou moins éloignée, se trouver épuisée, les efforts de tout ingénieur des mines doivent tendre à tirer la plus grande quantité possible d'une même exploitation ou, ce qui revient au même, d'en laisser la moindre partie

FIG. 46. — Travail d'exploitation dans une galerie de mine.

possible sous terre. Là où l'on peut pratiquer avec succès le système des longs murs, rien ne reste, et rien de plus ne peut être désiré, mais dans la méthode la plus ordinaire, une portion considérable, quelque dextérité, quelque hardiesse qu'on déploie dans le déplacement des piliers, reste toujours hors de portée ; et cela vaut certainement la peine d'adopter l'autre méthode partout où il est possible de l'employer avec prudence.

Mais quel que soit le système adopté pour l'extraction du combustible, il faut toujours étudier avec soin non-seulement la structure et la texture de celui-ci, mais la nature des parois supérieures et inférieures par lesquelles la couche est limitée, de manière à assurer la sécurité du travailleur et à empêcher une perte exagérée du minéral. Quelques planchers sont mous et ondulent sous la pression adjacente ; ils peuvent ainsi gêner la ventilation. Certains toits, surtout ceux d'ardoise, sont si peu solides qu'il faut fréquemment les étayer et les caler pour éviter des éboulements. Tout le secret d'opérer avec succès l'exploitation des mines consiste en ceci : tirer d'un espace donné la plus grande quantité possible de minéral et dans le meilleur état, et cela avec le moins de frais possible et avec le plus de sécurité pour les mineurs.

Obstacles qui peuvent se présenter. — Nous ne disons rien des niveaux d'eau, des sources de gaz, de la ventilation, des pompes, de la nécessité de pratiquer des communications entre une couche et une autre, quand plus d'une se trouvent exploitées par le même sondage, etc., car ces choses appartiennent aux mines sous leurs aspects purement technologiques ; mais il est bon de faire observer qu'en usant de prévoyance, en notant les changements minéraux qui ont lieu dans les couches, on peut reconnaître la possibilité de bien des accidents et prendre avec succès des précautions pour les éviter. — Il y a presque toujours quelques indications prémonitoires de la présence de l'eau, de gaz, de dykes, de failles (fig. 47), d'épaississements ou d'amincissements de couches, des changements, par exemple, de la houille cannelée à la houille ordinaire, et d'autres phénomènes semblables ; et l'ingénieur qui fait attention à ces indications doit se tenir toujours à un point de vue plus élevé que celui qui ne songe point à les noter, ou qui même les ayant remarqués ne sait point tirer parti de leurs enseignements.

Les interruptions les plus fréquentes dans les mines de houille sont : les *fissures*, les *failles* ou *dislocations* qui dérangent les couches de leur situation normale ; les *dykes meubles*, c'est-à-dire remplis de matériaux fragmentaires ; des *dykes* compactes constitués par des roches plutoniques injectées de bas en haut ; des interruptions subites de la couche exploitable qui reparait plus ou moins loin ; des *puits naturels* ou cavités cylindroïdes remplies de substances amenées par les eaux.

Comme on le voit, la pratique des mines est entourée

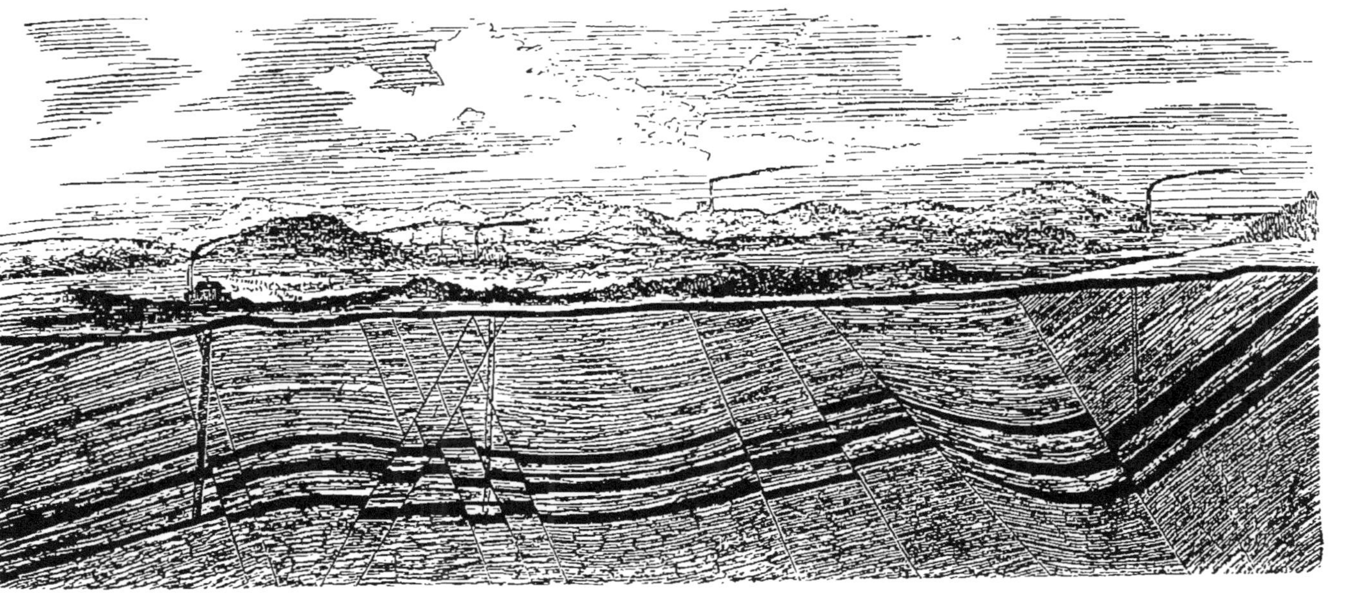

FIG. 47. — Disposition des failles dans les terrains houillers.

de nombreuses difficultés; mais il est remarquable de voir comment elles peuvent être souvent surmontées par l'ingénieur au fait des vérités géologiques.

3. — EXPLOITATION DES FILONS.

L'exploitation des filons diffère beaucoup de celle des couches, les premiers étant plus ou moins verticaux tandis que les autres approchent toujours de la situation horizontale. Les filons sont des fissures de la croûte terrestre, remplies de minéraux métalliques ; il en résulte qu'ils peuvent offrir toutes les variétés de direction, d'inclinaison, de richesse et de composition. Nous n'avons d'ailleurs pas à nous occuper ici des hypothèses faites pour expliquer l'origine et le mode de remplissage des filons ; disons seulement que les fissures paraissent déterminées par la contraction générale due au refroidissement spontané de la terre, et que les substances métalliques ont été manifestement amenées de la profondeur avec des eaux thermales.

L'intérieur de presque tous les filons exploités apparaît comme un réceptacle rempli de minéraux concrétionnés et cristallisés, soit pierreux soit métalliques. Les matières principales y sont fréquemment disposées avec une certaine symétrie par bandes parallèles (fig. 48), et présentent une foule d'accidents minéralogiques très-curieux. Les matières minérales pier-

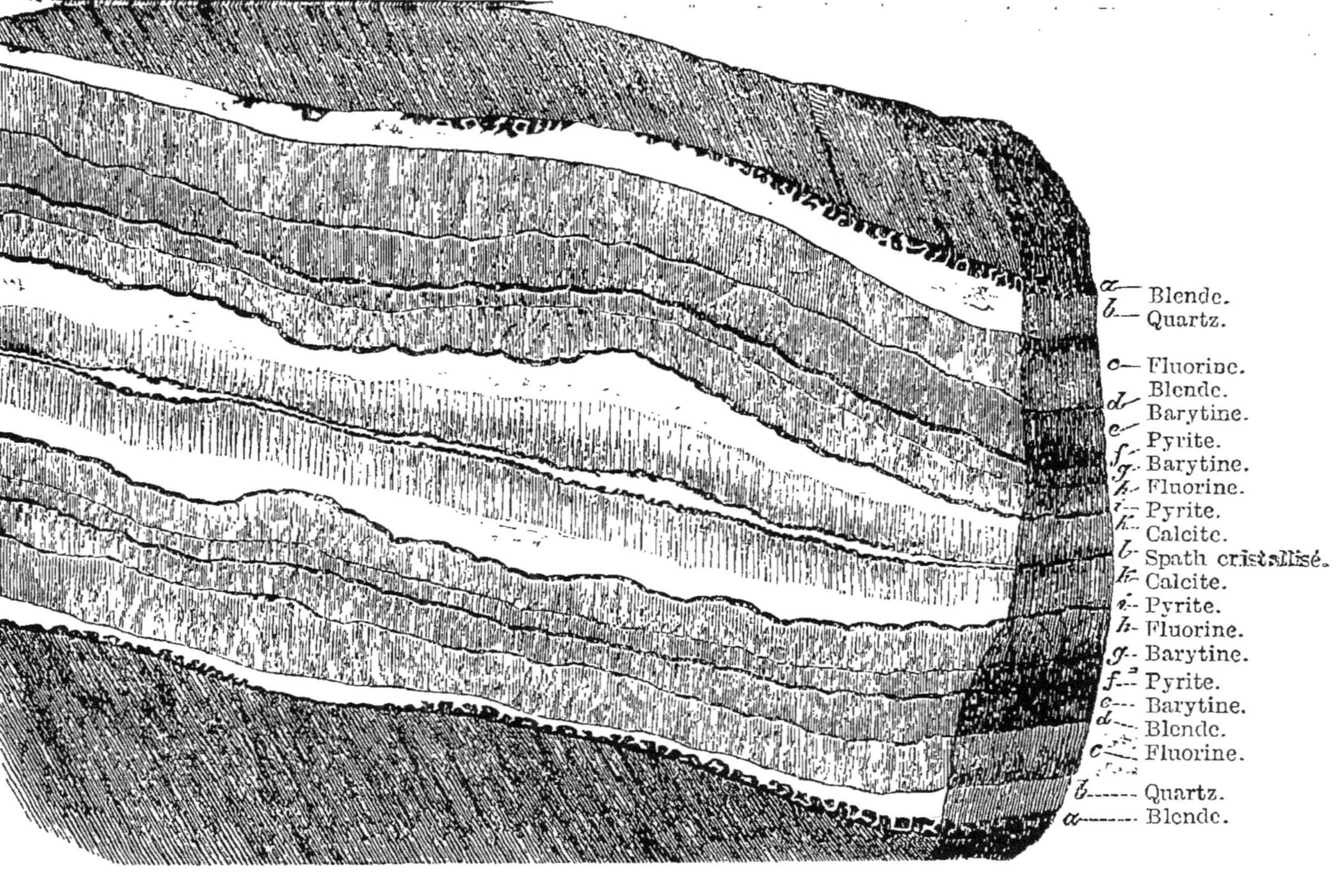

FIG. 48. — Structure symétrique d'un filon.

reuses qui accompagnent le *minerai* sont appelées *gangues*. Parmi les matières les plus habituelles sont le *quartz*, le *calcaire*, le *barytine* et la *fluorine*.

Les filons se croisent souvent et se font alors subir des rejets plus ou moins considérables. Des rejets peuvent être causés aussi par des faille vides.

Recherche. — Le mineur, pour découvrir les filons, peut s'aider d'indications de diverses sortes. L'examen du versant des montagnes, des précipices et des ravins (fig. 49) est très-instructif et il en est de même de l'analyse des sources qui souvent ont dissout des substances au travers desquelles elles passent. Les débris, charriés par les torrents, contiennent aussi des échantillons souvent éloquents, car les parcelles métalliques demeurent de plus en plus abondantes à mesure qu'on approche du gîte qui les a fournies. D'ailleurs il ne faut jamais oublier que l'affleurement des filons, ou leur *chapeau*, pour employer le terme technique, diffère profondément des régions exploitables et qui n'ont pas été altérées par les eaux et les autres agents superficiels. Dans la plupart des pays on est guidé par l'âge des terrains que l'on rencontre, les gîtes métalliques étant bien plus nombreux dans les couches anciennes ; cependant on connaît des filons relativement très-récents comme en Transylvanie, par exemple.

Exploitation. — Le travail d'exploitation est fortement influencé par le relief de la région, suivant que celle-ci est montagneuse ou composée de plateaux étendus. Dans le premier cas il est bien plus facile

FIG. 49. — Filons métallifères affleurant le long des parois d'un ravin.

d'aborder la veine par des galeries et de la drainer par des conduits qui débouchent au fond des vallées ; dans l'autre, il faut forer d'abord des puits verticaux et établir des pompes épuisantes. Il arrive très-souvent d'ailleurs que les deux systèmes doivent être employés simultanément, le premier pour la région supérieure du filon et l'autre pour sa partie profonde.

Généralement la ventilation est bonne dans les mines et il n'y a guère à craindre des gax explosifs. Il y a cependant parfois des dégagements de gaz irrespirable, et par exemple à Pontgibaud (Puy-de-Dôme) les travaux sont remplis d'acide carbonique qu'il faut avoir grand soin d'extraire.

Il serait difficile de donner des principes généraux quant à l'exploitation des veines, essentiellement variables d'un point à un autre. Ainsi on a vu les filons s'appauvrir à mesure qu'on approfondissait les travaux, tandis que d'autres présentent la particularité exactement inverse, et il est impossible de ne pas rappeler, sans garantie d'ailleurs, l'influence que la roche encaissante paraît avoir sur la fertilité du filon qui la traverse. Il en résulte qu'en passant d'une formation à une autre la même veine offre des résultats très-différents aux efforts du mineur. Il n'y a rien non plus de bien certain à dire quant aux associations signalées cependant par Werner des minerais métalliques entre eux, et il faut retenir seulement que, dans certaines régions du moins, les filons ont une tendance à se présenter en groupes caractérisés par un âge commun et une direction unique. La fig. 50 montre au Harz des systèmes analogues.

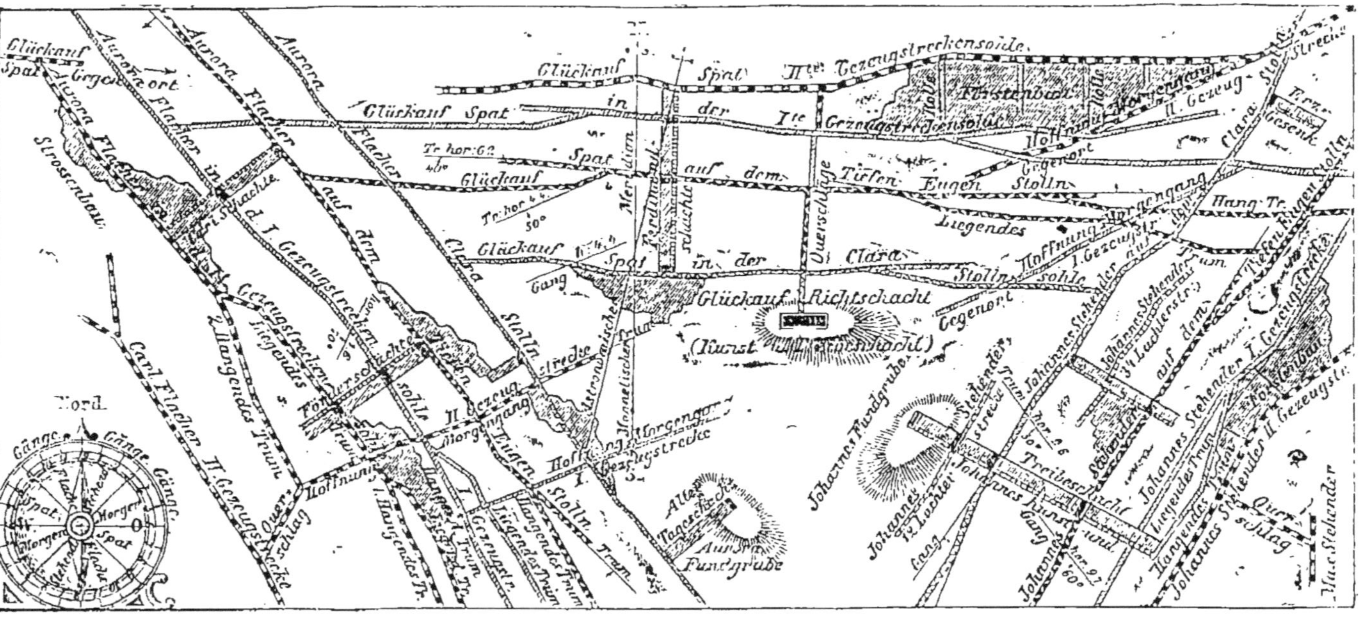

FIG. 51. — Carte montrant des groupes de filons s'entrecroisant sous des directions constantes.

4. — LAVAGE ET TRAVAIL DES PLACERS.

Les matériaux charriés par les rivières contiennent souvent des particules métalliques que leur grande densité relative permet d'isoler par lavage. C'est ainsi que les *orpailleurs* arrivent à retirer du gravier de la plupart des cours d'eau des quantités plus ou moins considérables d'or.

Ce qui a lieu pour les rivières actuelles s'est produit pour les fleuves géologiquement anciens, et c'est ainsi que les alluvions quaternaires sont très-aurifères dans beaucoup de régions. Il suffit de citer comme exemple l'Oural qui est à ce point de vue extrêmement productif.

Le traitement dans les rivières est facile justement à cause de l'eau courante qui entraîne les matières légères. Dans les *placers* anciens les difficultés sont plus grandes et il faut se pourvoir d'une quantité d'eau suffisante. En Australie et en Californie on a construit des barrages dans les vallées hautes afin d'arriver à cet approvisionnement. Quand l'eau est suffisamment abondante on l'emploie parfois non-seulement à laver chaque portion de sable, mais même à démolir et à entraîner les assises choisies d'alluvions métallifères. C'est par exemple ce qu'on fait en Californie où le gravier aurifère couvre une surface de pays ayant 50 milles de large et 300 milles de longueur avec une épaisseur de 50 à 500 pieds. L'eau arrive par des tubes de 6 pouces de diamètre avec une

Fig. 51. — Exploitation des placers aurifères de la Californie à l'aide de jets d'eau.

pression de 140 pieds d'eau ; le jet est solide comme une barre d'acier et rien ne résiste à son action démolissante (fig. 51). Les produits de désagrégation glissent dans des canaux où les orpailleurs exécutent leurs opérations ordinaires.

BIBLIOGRAPHIE

Burgogne : *Extraction des pierres.* — Smyth : *Traité élémentaire sur la houille.* — Hyslop : *Traité des mines.* — Greewell : *Traité pratique d'exploitation des mines.* — Wallace : *Lois qui concernent l'exploitation du plomb.* — Forster : *Description des couches de houille de Newcastle.* — Hemwood : *Sur les veines métallifères.* — *Bulletins de la Société géologique de Paris et de Londres.* — Élie de Beaumont : *Émanations volcaniques et métallifères.* — Burat : *Exploitation de la houille.* — Simonin : *Les mines et les mineurs.* — *Annales des mines.*

CHAPITRE IX

MATÉRIAUX PRODUCTEURS
DE CHALEUR ET DE LUMIÈRE

De toutes les substances extraites des entrailles de la terre, il n'y en a pas de plus indispensables aux arts et aux manufactures que celles dont la combustion donne la lumière et surtout la chaleur. Le bois est sans doute le premier corps qui ait été employé à produire des agents si précieux, mais il est loin de suffire à nos besoins, tous les jours croissants, et d'ailleurs à côté de ces qualités il a de graves inconvénients dont le principal, tiré de sa faible densité, est l'énorme place qu'il occupe. Jamais les locomotives et les bateaux à vapeur n'eussent été possibles s'il eût fallu les chauffer au bois. De même les huiles animales et végétales n'auraient jamais pu fournir l'éclairage de nos cités tel qu'il est réalisé par le gaz de houille. Il y a donc intérêt à passer la revue de ce qu'a valu à l'art du chauffage et de l'éclairage l'étude de la géologie.

1. — COMBUSTIBLES MINÉRAUX.

Tourbe. — La tourbe est une matière brune ou noirâtre, spongieuse et légère. Elle brûle facilement avec ou sans flamme en répandant une odeur analogue à celle des herbes sèches et laissant après la première combustion une braise légère.

Les tourbières sont extrêmement abondantes à la surface de la terre, et leur richesse est quelquefois considérable. En effet, on connaît des couches de tourbe ayant jusqu'à 18 mètres d'épaisseur.

Les tourbières se trouvent le plus souvent dans des endroits bas et marécageux; néanmoins il y en a dans des lieux très-élevés. On sait que le Blogsberg, la plus haute montagne de la basse Saxe, et le Broken, la plus haute sommité du Hartz, sont couverts de tourbe.

Comme le fait remarquer M. Vézian, le phénomène du tourbage n'a dû commencer à se manifester que vers la fin de la période tertiaire et dans le voisinage des pôles seulement. Ce n'est que pendant l'époque quaternaire qu'il a dû prendre toute son extension, et si l'on tient compte exclusivement des faits observés jusqu'à ce jour, on peut dire qu'il lui est spécial.

Les plus anciennes tourbières sont celles d'Utznach et de Dirten, en Suisse. La tourbe y forme une masse de 10 pieds d'épaisseur, mais les troncs d'arbres aplatis qu'elle renferme prouvent qu'elle a dû être fortement comprimée. Elle repose sur une couche de limon placée elle-même sur la molasse. On y a recueilli des dents d'*Elephas antiquus* et un squelette entier de *Rhinoceros leptorhinus*, ce qui paraît un motif suffisant pour rattacher ces dépôts de tourbe à la première époque du terrain quaternaire. La tourbe est recouverte à Utznach par le diluvium de la seconde période glaciaire et à Dirten par le sable et les cailloux roulés où, dans beaucoup d'endroits de la Suède, on a rencontré des restes d'*Elephas primigenius* qui a vécu après l'éléphant dont il vient d'être question.

C'est à la période postglaciaire qu'appartiennent toutes les tourbières connues. Leur âge récent est accusé tout à la fois par leur situation géognostique et par l'époque à laquelle se rattachent les mammifères dont elles renferment les débris. En effet, elles sont toujours situées au-dessus des terrains de transport, réunis sous la désignation de diluvium, et les animaux dont elles contiennent les ossements font tous partie, sans exception, de la faune qui est venue après la dernière retraite des glaciers. Pourtant il existe de la tourbe qui date des temps anté-historiques. C'est ce que M. Steenstrup a démontré dans les marais tourbeux du Danemark, en établissant que les débris de l'industrie humaine, si abondants vers la partie supérieure des tourbières, ne se rencontrent jamais dans leur partie inférieure.

Lignites et charbons bruns. — Le lignite est une

roche charbonneuse, noire ou brune, qui peut brûler aisément. Cette roche donne une flamme éclairante et une fumée abondante. Les fragments ne se boursouflent pas et ne se collent pas, comme il arrive pour la houille.

Les lignites ne commencent à se montrer que dans le trias (Wasselonne, Soultz-les-Bains, diverses localités du Var). On les retrouve dans le lias inférieur (Deister). Les grès verts supérieurs en contiennent aussi, comme on le voit, par exemple, à Saint-Paulet, près de Pont-Saint-Esprit, dans le Gard. Mais c'est surtout dans la formation tertiaire que les lignites sont abondants. On les trouve au-dessous du calcaire grossier, ou dans les parties inférieures de ce dépôt et dans les calcaires lacustres de même âge (Fuveau, Bohême, etc.). Dans l'étage miocène, on peut citer les gisements de Gargas, de Saint-Martin de Castillon (Vaucluse), de Sisteron, de Dauphin, de Forcalquier, de Monte-Bamboli, de Busiano. Enfin, on en connaît quelques dépôts, par exemple, dans l'Isère, qui sont pliocènes.

Charbons bitumineux. — La houille que chacun connaît est une roche charbonneuse, toujours amorphe, noire, opaque, brûlant aisément avec flamme, fumée et odeur bitumineuse. Elle se ramollit et se gonfle pendant la combustion, au point que les morceaux se collent entre eux. Lorsqu'elle a cessé de flamber, elle donne un charbon poreux (coke) solide et dur, à surface mamelonnée et métalloïde. La houille diffère de l'anthracite par la matière bitumineuse qu'elle donne par distillation (goudron).

Depuis le terrain devonien (Asturies) jusqu'aux couches tertiaires (Monte-Bamboli), on trouve de la houille dans la plupart des formations géologiques. Mais on sait que c'est surtout dans les dépôts arénacés, désignés sous le nom de terrain houiller, que le combustible qni nous occupe est le plus répandu.

Quelquefois, comme il arrive au bassin de la Loire, le terrain houiller est partout encaissé par des terrains plus anciens et, par conséquent, se montre en entier à découvert (fig. 52). Mais il n'en est pas toujours ainsi ; en beaucoup de lieux, on le voit, en effet, plonger et disparaître dans les profondeurs, sous des terrains plus modernes. C'est alors qu'il s'agit de le poursuivre au moyen de sondages et de puits qui vont l'atteindre. Le bassin houiller du Pas-de-Calais présente un exemple très-remarquable des découvertes de ce genre. Un sondage pour la recherche d'eaux jaillissantes exécuté à Oignies, à 12 kilomètres au nord-est de Douai, fit connaître, en 1846, la présence du terrain houiller en ce point sous les couches crétacées, qui le recouvrent de même que dans le département du Nord. Bientôt après, des sondages trouvaient le prolongement de la zone houillère déjà connue, depuis la Belgique jusqu'à une petite distance au sud-ouest de Douai. Mais, comme le fit connaître M. du Souich, cette zone éprouve une déviation brusque vers le nord-ouest ;

FIG. 52. — Gisement de la houille aux environs de Saint-Étienne (Loire). — Mine du Treuil où
les couches exploitées à ciel ouvert sont surmontées d'assises de grès au travers desquels
existent de nombreux troncs d'arbres fossilisés encore verticaux.

c'est cette déviation même qui avait rendu infructueuses les tentatives qui avaient d'abord été faites, conformément aux prévisions et aux analogies. A la suite de cette heureuse découverte, un champ nouveau s'offrait aux recherches qui se multiplièrent rapidement.

En France, les mines de houille les plus importantes sont dans le département du Nord, entre Lille et Valenciennes ; dans le département de Saône-et-Loire, à Blanzy et au Creuzot ; entre Saint-Etienne et Rive-de-Gier ; dans les départements de l'Aveyron, du Gard, etc.

La superficie des bassins houillers est de 251,000 hectares pour la France et de 1,575,000 hectares pour l'Angleterre. La Belgique renferme des terrains houillers dont la superficie s'élève à 1/25 de la surface totale du pays : la proportion de ce terrain est de 1/20 pour l'Angleterre et de 1/200 seulement pour la France.

Le Wurtemberg, la Bavière, l'Autriche, la Hongrie ne possèdent que de très-faibles dépôts houillers.

L'Espagne renferme de riches bassins houillers dont l'exploitation n'occupe encore qu'une faible place dans l'industrie minière du pays.

Anthracite. — L'anthracite est une roche opaque et brillante, d'un noir vitreux avec un certain éclat demi-métallique, quelquefois très-prononcé. La densité varie de 1, 6 à 2. La combustion est difficile et donne beaucoup de chaleur.

Les terrains siluriens contiennent parfois de l'anthracite, c'est, par exemple, ce que l'on observe en Bohême ; mais ce combustible est beaucoup plus abondant dans les terrains devoniens et carbonifères. C'est à ce dernier étage qu'appartiennent les gisements si abondants des États-Unis et ceux de la Russie. M. Élie de Beaumont rapporte à l'anthracite les combustibles qui se montrent dans les couches jurassiques, métamorphiques des Alpes de la Savoie et du Dauphiné.

Relativement aux applications, l'anthracite est très-recherchée ; étant plus riche en carbone que la houille elle jouit d'un pouvoir calorifique qui dépasse celui de cette dernière, mais la combustion est beaucoup plus difficile et ne s'obtient qu'à l'aide des appareils de chauffage si perfectionnés dont les habitants de l'Amérique du Nord se servent journellement. En France, on n'a pas pu employer l'anthracite au chauffage des hauts fourneaux ; elle sert surtout à la cuisson de la chaux destinée aux usages agricoles.

Coke. — Le coke n'est rien autre chose que de la houille qu'on a soumise à une distillation en vase clos. Quand on distille de la houille, outre le gaz et les liquides qui s'échappent à l'état de vapeur, on obtient comme résidu un charbon qu'on désigne sous le nom de *coke*, et qui n'a pas toujours le même aspect. Si la houille qu'on emploie est *maigre*, c'est-à-dire si elle ne se ramollit pas par la chaleur, le coke conserve la forme primitive. Au contraire, si la houille est *grasse*, c'est-à-dire si elle a la propriété de devenir pâteuse et collante sous l'influence de la chaleur, le coke sera brillant et d'un gris métallique.

En moyenne, 100 kilogrammes de houille de bonne qualité donnent 20 mètres cubes de gaz et 75 kilog. de coke ; en outre, on obtient de 7 à 8 kilog. d'eau ammoniacale et de 6 à 7 kilog. de goudron, d'où on extrait d'autres produits.

Le coke sert comme combustible, il brûle sans fumée et presque sans odeur. Sous le nom de *charbon de Paris*, on fabrique un charbon formé de poussière de charbon ordinaire, de poussière de coke, de charbon de tourbe et même de charbons végétaux préparés exprès en calcinant, par exemple, du tan, des brindilles de bois, des cendres, de la terre ; on mêle toutes ces matières avec un peu de goudron débarrassé des huiles volatiles et on les comprime, puis on les chauffe dans des cornues. L'inconvénient de ce charbon, c'est de donner beaucoup de cendres. Cependant, il rend de grands services, surtout pour les hauts fourneaux parce qu'il est très-poreux et qu'il laisse pénétrer l'air très-facilement.

Pétrole. — Le pétrole constitue une exception unique parmi les roches ; il est liquide au lieu d'être solide comme toutes les autres. Son gisement a été étudié avec beaucoup de soin, surtout dans ces dernières années.

Dans le Kentucky et le Tennessée, le pétrole est fourni par les couches siluriennes inférieures.

Un autre niveau très-productif, celui du Canada occidental, appartient au terrain devonien inférieur, et c'est à ce même terrain devonien, mais à son niveau supérieur, qu'appartiennent les couches les plus riches, celles de la Pensylvanie occidentale du groupe important du Oil-Creek. A un niveau encore plus élevé, à divers étages du terrain carbonifère, se trouvent des sources très-abondantes ; les plus importantes de la Virginie occidentale appartiennent au terrain carbonifère. Comme on voit, les sources américaines les plus riches se trouvent dans les terrains les plus anciens, mais certaines couches relativement récentes sont pétrolifères. Ainsi, dans la Caroline septentrionale et dans le Connecticut, on a trouvé un peu d'huile minérale dans le trias. Le Colorado et l'Utah en présentent à proximité des limites du terrain crétacé. Enfin, les pétroles de Californie appartiennent au terrain tertiaire.

L'Amérique du Nord est devenu le pays le plus riche en pétrole, mais cette substance existe dans beaucoup d'autres régions, parmi lesquelles on peut citer Amiano dans l'ancien duché de Parme ; le mont Zibio, près de Safresolo, aux environs de Modène, les abords des Salses de Barrigazzo et de Pietra Mala en Toscane ; Girgenti en Sicile ; Coalbrookdale en Angleterre ; Gabrian, près de Pézenas, en France ; Bechelbronn, en Alsace ; l'île de Zante ; diverses régions du Caucase, de

la Perse, de l'Inde ; Rangoum, en Birmanie ; la Chine,
le Japon, etc.

2. — PRODUCTEURS DE LUMIÈRE.

Sources de gaz et de naphte. — On appelle *salzes*
des éruptions boueuses qui n'ont aucun rapport avec
celles des volcans ordinaires et qui se montrent souvent en des lieux où il n'existe rien de volcanique. Ces
éruptions sont toujours accompagnées d'un dégagement de gaz hydrogène carboné et souvent de matières bitumineuses, et se font jour par des ouvertures du
sol, avec formation, tout autour de ces sortes de cratères, de petits cônes de boue qui finissent par se des-
sécher en prenant une certaine consistance. Le nom de
salze vient de ce que ces boues sont habituellement
salées. Elles entraînent aussi quelquefois avec elles
une certaine quantité de gypse.

Ce curieux phénomène est très-caractérisé en Sicile,
aux environs de Modène, en Crimée, sur les bords de
la mer Caspienne, en Amérique, etc.

Les sources de naphte, de pétrole et les dépôts de
malthe ou d'asphalte que ces bitumes liquides forment
quelquefois sont fréquemment en relation avec les
salzes ; toutefois elles se montrent en beaucoup de lieux
indépendamment de ces petits cônes pseudo-volcani-
ques. Dans tous les cas elles partagent avec eux la propriété d'être accompagnées d'eau saline et dégagement

de gaz hydrogène carboné. C'est dans l'Amérique du Nord, surtout au Canada, dans le Kentucky et en Pensylvanie, que les sources bitumineuses sont le plus abondantes. Dans la partie occidentale de ce dernier État surtout, non-seulement le pétrole suinte à la surface du sol et se rassemble en quantités illimitées au fond de puits creusés à cet effet, mais on peut obtenir par des forages plus ou moins profonds des gerbes qui jaillissent jusqu'à 30 mètres de hauteur. Ces matières abondent aussi à Bakou, sur les bords de la mer Caspienne.

Nous venons de voir que l'*hydrogène carboné* joue un rôle dans le phénomène des salzes et des sources bitumineuses. Il faut ajouter qu'il se dégage aussi en des lieux où ce phénomène n'existe pas.

Dans l'un et dans l'autre cas, le dégagement se fait souvent d'une manière continue, et alors le gaz, très-inflammable, comme on sait, une fois allumé, peut brûler constamment pendant des siècles et produire ce qu'on appelle *fontaines ardentes*, *feux éternels*, objets d'adoration de la part des Indiens, et dont les Modenais font un usage plus profane, mais plus raisonnable, en les employant comme moyen économique de chauffage.

Il y a des pays dans l'Inde, en Chine, en Amérique, où l'on a été plus loin, en utilisant des gîtes intérieurs de ce gaz comme moyen d'éclairage.

C'est ce même gaz qui, en s'accumulant dans cer-

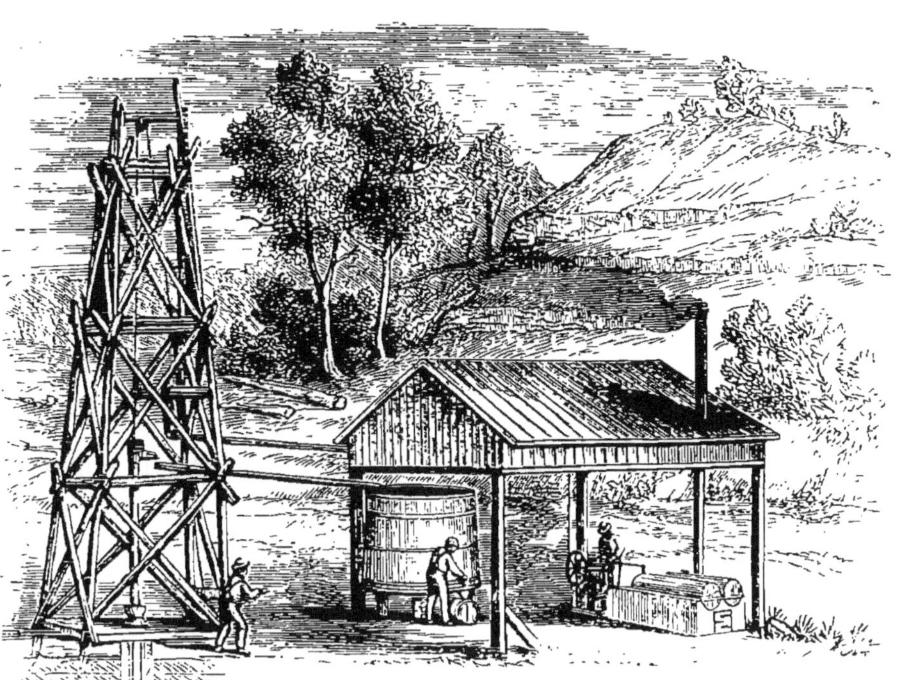

FIG. 54. — Disposition d'un puits de pétrole américain.

taines cavités anciennes des houillères, produit avec l'air atmosphérique ce mélange détonnant (*grisou*), qui a été si souvent la cause de terribles accidents.

Puits de pétrole. — En général, le pétrole est situé sous terre à des profondeurs variant de 20 à 150 mètres. On l'atteint en perçant le sol, d'après les procédés ordinaires du sondage, réduits à leur plus simple expression, et souvent le liquide jaillit comme l'eau des puits artésiens (fig. 53).

Le trou de sonde ne donne pas toujours du pétrole; quelquefois il laisse sortir une très-grande quantité de gaz inflammable que, dans beaucoup de cas, on a pu utiliser comme combustible et qui est, comme on sait, fort recherché des Chinois.

On s'est rendu compte de cette circonstance par l'étude attentive des poches ou réservoir à pétrole. Ceux-ci ont presque tous présenté trois étages distincts de matière. A l'étage supérieur se trouvaient des gaz dus, soit à la décomposition de l'huile minérale, soit à la décomposition d'autres corps voisins. L'étage intermédiaire comprenait la nappe oléagineuse, que l'on avait pour but d'atteindre et d'explorer; enfin, la partie inférieure du réservoir contenait de l'eau et presque toujours de l'eau salée.

Bitume solide, poix, asphalte. -- Ces différents noms désignent une substance d'un noir profond, à cassure conchoïde, brillante, très-fragile, qu'on recueille surtout sur les bords de la mer Morte (ou *lac Asphaltite*), mais qu'on a signalé aussi dans d'autres localités. Par exemple il existe à la Trinité un lac de trois milles de tour qui est presque entièrement rempli de bitume. On connaît aussi de grandes masses de la même substance au Mexique et en Colombie.

Pour servir à l'éclairage, les asphaltes sont transformés en huiles ou en gaz, et pour cela on les distille. Il se produit ainsi des huiles de paraffine pour les lampes. L'*ozokérite* de Galicie et de Bohême donne lieu à cet égard à une industrie importante. Elle renferme 25 0/0 de paraffine solide.

Tourbe. — La tourbe, dont nous parlions tout à l'heure comme producteur de chaleur, donne par distillation un gaz qu'on peut employer à l'éclairage. Des essais nombreux ont été tentés dans ce sens, mais jusqu'ici les résultats n'ont pas été de nature à faire persévérer dans cette voie nouvelle. Il est probable cependant que l'avenir tirera un parti d'autant plus grand de cette source de gaz que la houille s'épuise davantage. Comme indice, nous dirons qu'une tonne de tourbe d'Irlande a fourni 3 livres anglaises de paraffine, 1 gallon d'huile pour lampes et 2 gallons d'huile lubréfiante pour les machines. Toutefois la fabrication de ces produits ne peut soutenir la concurrence avec le pétrole américain.

Schistes bitumineux. — Le schiste bitumineux, appelé aussi *naphto-schiste*, est une roche feuilletée noirâtre, grisâtre ou blanchâtre, brûlant avec facilité et dégageant, par la chaleur une odeur bitumineuse. Il forme des couches puissantes et multipliées dans les terrains houillers d'un très-grand nombre de localités, telles qu'Autun (Saône-et-Loire), Buxière-le-Grue (Allier), Vouvant (Vendée), Boghead (Ecosse) ; on le retrouve dans le lias supérieur des environs de Dorchester.

Le principal usage du naphto-schiste est de servir à la fabrication des huiles de schiste et du gaz d'éclairage.

La matière est reçue dans les usines en morceaux

d'un très-grand volume ; on transporte ces morceaux, sur des wagons dans un atelier précédant la distillation ; là, ils sont cassés en fragments de 10 centimètres carrés sur 1 centimètre d'épaisseur environ. La première opération est la séparation des matières solides, des gaz et des matières liquides ; pour cela, on opère dans des cornues en fonte placés horizontalement, et pouvant contenir 200 kilogrammes de boghead. On a essayé de placer les cornues deux à deux dans le même fourneau, mais cette disposition n'offre pas des avantages en rapport avec ses inconvénients qui sont l'inégalité de chauffage, la réparation d'une cornue entraînant l'arrêt de l'autre, etc. Cette distillation doit être conduite très-lentement, afin de ne pas transformer les produits liquides en gaz.

Une grande amélioration a été apportée dans ces derniers temps aux cornues. Comme il est très-difficile de chauffer constamment à la même température, on a imaginé de placer la cornue disposée à cet effet, sur un bain de plomb maintenu constamment à son point de fusion. Les résultats sont considérables ; outre le peu de coloration des huiles, le rendement est plus fort et les huiles d'une densité plus faible, ce qui indique évidemment qu'il ne s'est pas produit de goudron pendant la distillation.

Au sortir des cornues, les produits de la distillation passent dans des serpentins refroidis, où se condensent les eaux ammoniacales et les huiles ; les extrémités des serpentins possèdent deux tuyaux, l'un s'élevant pour aller plonger dans un barrillet comme dans les usines à gaz, l'autre plongeant dans des réservoirs où se rendent les huiles.

L'on obtient ainsi de 45 à 50 pour 100 d'huile marquant 35° Baumé ; le gaz, au sortir du barrillet, est aspiré et envoyé au gazomètre par les appareils purificateurs, et il reste dans la cornue un coke conservant la forme du boghead. Ce coke, qu'on emploie au chauffage des cornues, laisse, comme résidu de la combustion, une matière composée de silicate d'alumine qu'on transforme en sulfate en la calcinant avec de l'acide sulfurique dans un four à réverbère.

Le gaz obtenu par ce procédé, quoique moins riche que celui distillé seulement en vue du gaz, possède encore un pouvoir éclairant triple de celui du gaz de houille ; c'est celui vendu à Paris comme *gaz portatif*.

Cannel coal. Gaz de houille. — Le nom de *cannel coal* ou littéralement *charbon-chandelle*, est donné à certaines variétés de houilles qui s'enflamment directement par l'approche d'un corps enflammé et répandent beaucoup de lumière. Elles le doivent à la grande quantité de matières volatiles qu'elles renferment et qui distillent sous l'action de la seule chaleur appliquée primitivement.

La plupart des houilles, celles qu'on nomme *grasses*, sont capables aussi de donner du gaz combustible et éclairant par leur distillation en vase clos (fig 54). Tout le *gaz* dit *d'éclairage* a cette origine. L'idée première de

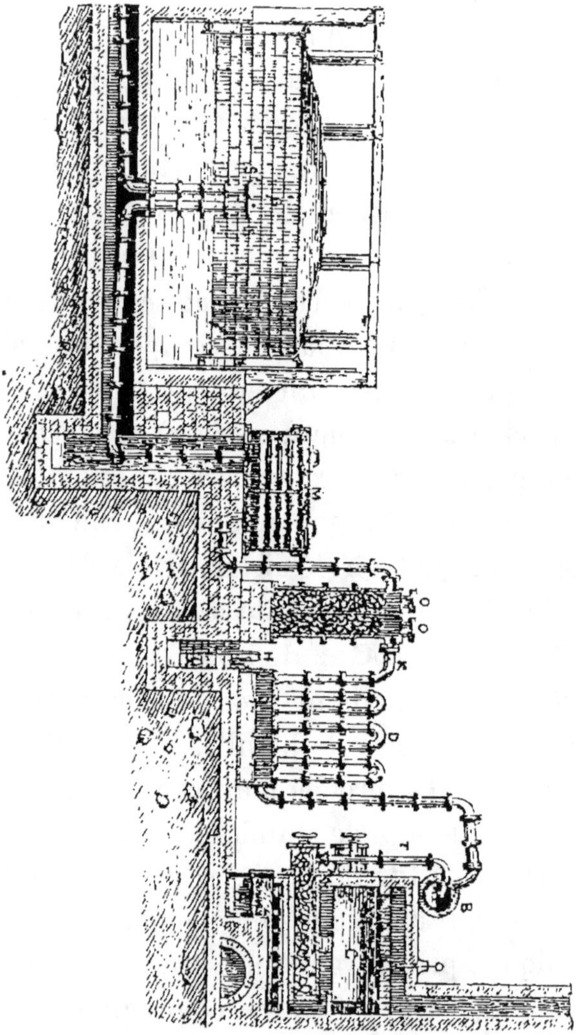

FIG. 54. — Appareil employé à la distillation de la houille pour la production du gaz d'éclairage. — C. Cornues de distillation. — R. Tube de dégagement du gaz. — B. Barillet. — D. Tuyaux constituant le jeu d'orgue. — OO. Colonne d'épuration. — M. Cuve d'épuration. — G. Gazomètre.

cette application est due à l'ingénieur français Lebon,

qui, en 1786, fit paraître son *thermolampe*, sorte de poêle dans lequel il distillait du bois ou de la houille, afin d'obtenir à la fois de la chaleur applicable au chauffage et des gaz propres à l'éclairage. Cette découverte importée, comme tant d'autres, en Angleterre, y obtint un succès colossal. Elle y fut étudiée par Murdoch, qui, le premier, en fit l'application avec succès en 1792. Plus tard, elle reflua vers le continent, escortée d'appareils perfectionnés, inventés par les ingénieurs anglais. Aujourd'hui, comme chacun le sait, l'éclairage au gaz est établi dans les principales villes du monde civilisé.

Toutes les qualités de houille, dit un savant professeur, M. Payen, ne sont pas également propres à la distillation. On doit préférer celles qui contiennent les plus fortes proportions de carbures d'hydrogène, et qui présentent à l'analyse le plus d'hydrogène en excès sur la quantité nécessaire pour former de l'eau avec l'oxygène de la même houille.

Les diverses espèces de houille donnent des quantités et des qualités différentes de gaz : elles exigent une température plus ou moins élevée et soutenue, laissent un *coke* plus ou moins estimé, enfin dégagent, suivant les proportions de bisulfure de fer (pyrite) qu'elles contiennent, des combinaisons de soufre avec l'hydrogène et avec le carbone, qui altèrent la qualité du gaz et nécessitent une épuration dispendieuse. On doit avoir égard à toutes ces circonstances dans le choix des matières premières. Les houilles de Mons et de Commentry, qu'on emploie généralement à Paris, donnent en moyenne 23 mètres cubes de gaz par 100 kilogrammes. On en obtenait un plus grand volume en faisant usage de la houille de Saint-Etienne, mais le gaz était plus sulfuré.

BIBLIOGRAPHIE

WAGNER : *Manuel de chimie technologique.* — KNAPP : *Chimie technologique.* — URE : *Dictionnaire des arts et manufactures.* — WATT : *Dictionnaire de chimie.* — BARESWILL ET GIRARD : *Dictionnaire de chimie appliquée.* — QUESNEVILLE : *Moniteur scientifique.* — *Bulletin de la Société d'encouragement.* — SOULIÉ ET HARDOUIN : *Le pétrole.*

CHAPITRE X

GÉOLOGIE ET ARTS CÉRAMIQUES

Nous réunissons sous le nom d'arts céramiques ceux qui se rapportent aux terres cuites (porcelaine, faïence, poterie, briques, etc.) et au verre.

De subtances communes et sans apparence l'art et l'industrie savent tirer ces merveilles d'élégance qui font notre admiration, en même temps que ces objets d'usage quotidien sans lesquels la vie, telle que nous la comprenons aujourd'hui, serait absolument impossible. Accordons un moment notre attention à des sujets si recommandables.

1. — ARGILES.

Les argiles, essentiellement composées de silicates alumineux hydratés, sont des roches remaniées et provenant de la décomposition du feldspath des roches d'origine ignée. La destruction des roches granitiques et des schistes cristallisés, riches en quartz, a fourni deux éléments distincts aux terrains sédimentaires qui se sont formés à leurs dépens ; d'un côté, les quartz roulés qui ont donné naissance aux poudingues, aux sables et aux grès ; et de l'autre, les particules vaseuses qui ont été tenues en suspension dans les eaux, et ont été déposées ensuite en vertu des lois de la pesanteur. Aussi, il existe un passage réel, une analogie frappante entre certains kaolins et les argiles ; il est même rare que celles-ci ne renferment pas une certaine quantité de potasse.

La formation des argiles, par voie de transport, explique d'une manière naturelle leur différence de composition : elles consistent en la réunion de grains d'une ténuité extrême dont chacun pourrait présenter une combinaison distincte, mais provenant de minéraux différents. Leur mélange avec des grains sableux, des matières salines ou bitumineuses, avec du carbonate ou du sulfate de chaux, du mica, leur coloration, se déduisent des conditions mêmes de leur existence, et dévoilent, au sein du liquide au fond duquel elles se sont stratifiées, la double intervention des dépôts d'origine mécanique et des dépôts d'origine chimique, ou l'influence prédominante d'un d'entre eux. Aussi, la classification des argiles, au point de vue de leurs éléments constituants, offre-t-elle beaucoup de difficultés. Les géologues les répartissent, et avec raison, d'après les terrains dans lesquels on les observe, tandis que les technologistes leur imposent des noms empruntés aux usages auxquels elles sont employées.

Kaolin. — Le kaolin ou terre à porcelaine, est une roche infusible faisant difficilement pâte avec l'eau et happant légèrement à la langue. Le kaolin de Saint-Yrieix, dont la manufacture de Sèvres consomme de très-grandes quantités, a donné à Berthier :

Silice............................	46.8
Alumine....	37.3
Potasse.......	2.5
Magnésie.	traces.
Eau.............................	1.3
	99.6

Le kaolin forme des amas ou des filons dont la couleur est ordinairement blanche et quelquefois jaunâtre, grisâtre, verdâtre ou rougeâtre. Le kaolin est employé, comme on sait, pour la fabrication de la porcelaine.

Terre de pipes. — On donne ce nom aux variétés les plus pures de l'argile plastique. Elle se présente dans un certain nombre de localités, dont l'une des plus caractérisées est Montereau (Seine-et-Marne). Sur la rive droite de la Seine, près de Tavers, à 3 kilomètres environ au-dessous de Montereau, on voit surgir la craie au-dessous du calcaire d'eau douce qui forme tout l'escarpement de la falaise au-dessous de ce point. La craie s'élève d'une manière assez régulière, séparée du calcaire d'eau douce par une assise argileuse d'environ 2 mètres de puissance. Son inclinaison, d'environ 20 degrés à son point de départ, s'atténue en s'élevant, et elle devient à peu près horizontale au-dessous du parc de Courbeton où elle est exploitée sur une assez grande étendue pour la fabrique de pipes de Montereau ; sur ce point, elle est très-blanche, parfaitement pure, ne contient pas un atome de fer et demeure blanche après la cuisson.

Terre à pots. — L'argile plastique fait avec l'eau une pâte tenace qui conserve les formes qu'on lui imprime, et qui, par l'action du feu, devient dure, fragile, rude au toucher, et perd la propriété de faire pâte avec l'eau. Ses couleurs sont le blanc, le grisâtre, le noirâtre, le brunâtre, le rougeâtre, le rosâtre, le verdâtre, le bleuâtre, unies et bigarrées.

Parmi les variétés très-nombreuses de l'argile, on peut citer celles qui sont dues à la présence du *Mica*, du *charbon*, du *sel marin*, de *l oxyde de fer*, etc.

Comme type d'argile plastique, nous donnerons la composition d'une variété très-abondante à Vaugirard-Paris. Elle renferme :

Silice	51.84
Alumine........................	26.10
Oxyde de fer...................	4.91
Chaux..........................	2 25
Magnésie	0.23
Eau............................	14.58
	————
	99.91

Terre à briques. — Dans la plupart des localités où il se présente, le lœss se subdivise en deux niveaux parfaitement tranchés. Le plus inférieur est de couleur d'ocre jaune clair, argilo-sableux et si maigre, qu'on ne peut le faire entrer que pour un tiers ou un cinquième dans la fabrication des briques. On l'appelle *argilette* en Normandie, *terre douce* en Picardie. Il contient toujours une forte proportion de calcaire qui va jusqu'à 0,30, en partie dans sa pâte, en partie sous forme de concrétions tuberculaires ou cylindriques, sur lesquelles nous reviendrons. C'est ce lœss inférieur qui offre la plus grande analogie avec celui des bords du Rhin. Il est presque toujours recouvert par le lœss supérieur, mais il ne s'étend ni aussi loin ni aussi haut, ce qui montre sa parfaite indépendance. Sa stérilité est notoire ; en Picardie, il ne rend pas la semence quand il est cultivé seul et sans amendements. Le lœss supérieur est d'un brun ocreux rougeâtre ; il est plus ferrugineux et d'une nuance plus foncée que celle du lœss inférieur, dont il se distingue souvent par une ligne de démarcation nettement tranchée. Il est bien plus argileux que le précédent, et généralement connu sous le nom d'*argile* et de *terre à briques*, parce qu'il peut être employé seul à cet usage. Le calcaire n'est pas un élément essentiel et caractéristique de sa composition, car les acides n'y produisent pas d'effervescence sensible. Son caractère principal et tout particulier est de recouvrir tous les terrains sans exception et de n'être recouvert par aucun autre. Il s'étend comme un manteau immense sur les plaines et plateaux de la Beauce, de la Brie, de la Normandie, de la Picardie, de l'Artois, des Flandres, de la Belgique et d'une partie des Pays-Bas et de la Prusse rhénane, dont il fait la richesse par sa constante fertilité. Ce manteau de limon est percé à Paris et dans le Nord par les buttes tertiaires qui formaient, au milieu des eaux du lœss supérieur, une multitude d'îlots et de véritables archipels (moulins de Sannois, Montmorency, mont Cassel, mont Noir, mont des Chats, etc.). Et, remarquons-le bien, ces îles, ces portions du sol que n'a pu submerger le lœss supérieur, ne se trouvent pas à l'est dans les contrées aujourd'hui hautes, mais à l'ouest, dans celles qui sont maintenant peu élevées au-dessus de la mer, dans les Flandres et aux environs de Paris.

Terres siliceuses. — La gaise, ou silice terreuse, diffère du tripoli en ce qu'elle ne doit pas son origine à des êtres organisés, et par conséquent, à ce que sa structure n'est pas zoogène. Elle est le produit d'une précipitation chimique ou d'une modification naturelle subie par des argiles. La décomposition des silex de divers étages jurassiques, crétacés et tertiaires, donne naissance à une silice impalpable qui polit très-bien les métaux. C'est à cette sorte que s'applique spécialement le nom de gaise, usité dans les Ardennes. Récemment, on a utilisé la gaise pour la fabrication des briques réfractaires.

Écume de mer. — C'est une roche *compacte* ou *schistoïde*, opaque, terne et d'aspect terreux, de couleur blanche, grise, jaune ou rosâtre; spongieuse, très-légère quand elle est desséchée et happant fortement à la langue; faisant difficilement pâte avec l'eau. Certaines variétés sont *calcarifères*, *argilifères*, etc.

La magnésite forme des couches dans les terrains lacustres tertiaires et divers autres terrains. C'est surtout sur les côtes de la Crimée et de l'Asie Mineure ainsi qu'à la Nouvelle-Galles du Sud que se trouvent les variétés les plus pures.

2. — SABLES ET INGRÉDIENTS DIVERS DES VERRERIES.

Tous les verres (cristal, crown-glace, verre à vitre, verre à bouteille, etc.), ne sont rien autre chose que des silicates amorphes obtenus par fusion.

Les silicates de soude, de potasse, de chaux, de baryte, de strontiane, de magnésie et d'alumine, avec les oxydes de plomb, de bismuth, de zinc, de fer et de manganèse sont les ingrédients nécessaires à la fabrication des verreries, et, comme on voit, tous sont tirés du règne minéral.

Ainsi le *cristal* est un silicate de potasse et de chaux,

le *verre à vitre* un silicate de soude et de chaux, le *flint* un silicate de potasse et de plomb auquel on associe parfois pour les besoins de l'optique ou pour l'imitation des pierres précieuses du bismuth et du borax; enfin le *verre à bouteille* est un silicate d'alumine et de chaux ou de magnésie avec des oxydes de fer et de manganèse.

Le but de cette variation dans les éléments est d'obtenir des verres offrant des degrés différents de fusibilité, de dureté, de transparence ou de couleur.

3. — COUVERTES, ÉMAUX ET COULEURS.

De même que les substances entrant dans la composition des produits céramiques, celles qui servent à émailler les poteries ou à les colorer proviennent du règne minéral. Leur préparation est l'affaire du chimiste et rentre dans la technologie; nous devons nous borner à les mentionner pour montrer l'étendue des applications industrielles de la géologie.

A part les terres cuites proprement dites et les biscuits, toutes les porcelaines et les faïences sont munies d'une couverte ou d'un émail. Les substances employées à cet usage sont de quatre sortes.

1° Pour la porcelaine dure, on se sert d'un émail transparent formé par le mélange du quartz, du kaolin, de la chaux ou de gypse et de porcelaine finement pulvérisée. Cet émail devient très-fluide par la chaleur et fond à la température où la porcelaine se cuit.

2º On prépare une couverte plombeuse qui est transparente et fusible comme le précédent.

3º Les émaux et les couvertes opaques pour la terre cuite peuvent être blancs ou colorés. Ils contiennent de l'oxyde d'étain en même temps que celui de plomb et sont très-fusibles.

4º Les vernis proprement dits, riches en alcalis et associés souvent à des substances métalliques, imitent l'or et l'argent.

Les couleurs employées en céramique sont très-variées ; leur fabrication concerne la chimie industrielle, mais nous devons résumer ici les teintes fournies par les oxydes, chromates et chlorures le plus souvent employés.

L'oxyde de fer donne le rouge, le brun, le violet et la sépia.

L'oxyde de manganèse : les violet, brun et noir.

L'oxyde de cuivre : les vert et rouge.

L'oxyde de chrome : le vert.

L'oxyde de cobalt : les bleu et noir.

L'oxyde d'iridium : le noir.

L'oxyde d'uranium : les orange et noir.

L'oxyde de titane : le jaune.

L'oxyde d'antimoine : le jaune.

Le chromate de fer : le brun.

Le chromate de-plomb : le jaune.

Le chromate de baryum : le jaune.

Le chlorure d'argent : le rouge.

Le chlorure de platine : platinise.

Le chlorure d'or : les pourpre et rose rouge.

CHAPITRE XI

MATÉRIAUX PROPRES A BROYER
A USER, A DOUCIR ET A POLIR

On ne peut faire que de petits progrès dans les arts
et manufactures sans des outils tranchants. Ceux-ci
sont en général fabriqués avec de l'acier et il est indispensable de leur donner le coupant auquel ils sont
destinés. On y arrive, comme on sait, en les usant
sur des substances convenables tirées du règne
minéral.

De même, beaucoup d'industries exigent le broyage
ou la porphyrisation de matières variées; c'est encore
le plus souvent à l'aide de pierres qu'on arrive à les
moudre, et les meules servent aussi à concasser les
roches qui doivent être utilisées en petits fragments.
Enfin le polissage des métaux et des pierres, de même
que le sciage de ces dernières, s'obtient dans beaucoup
de cas par l'emploi de divers minéraux convertis en
poudre plus ou moins fine.

Jetons un coup d'œil sur ces nouvelles applications de la Géologie.

1. — PIERRES A MOUDRE

Grès. — Les grès de différentes variétés, et en première ligne les grès siliceux, constituent de très-bonnes

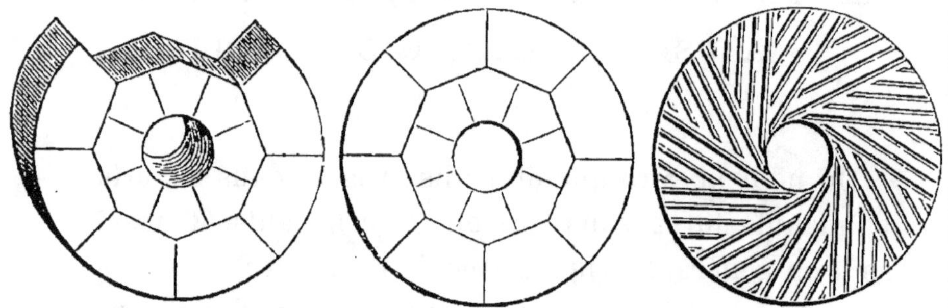

FIG. 55 à 57. — Formes diverses de pierres à moudre ou meules.

pierres à moudre (fig. 55 à 57). Ils se rencontrent dans un très-grand nombre de localités et à des niveaux géologiques très-différents. Ils résultent de la réunion de grains de sable par un ciment, et c'est pourquoi on en trouve de fins, de grossiers, d'homogènes, de polygéniques, etc.

Au point de vue de l'application qui nous occupe ici, il faut les choisir de grain uniforme et de cimentation solide. On ne peut guère les employer au broyage de corps très-durs, parce qu'ils ont ordinairement une assez grande tendance à la désagrégation.

Meulières. — Les silex meuliers forment des masses et des amas au milieu des couches argileuses et dans les couches calcaires des terrains tertiaires. Elles sont comme cariées intérieurement, et leurs cavités sont tantôt vides, tantôt remplies d'une argile dure. La cassure varie avec le rapprochement des cellules. Lorsqu'elles sont un peu éloignées et que la meulière présente par conséquent des pleins, la cassure est unie et conchoïdale; dans le cas le plus ordinaire, elle est cariée. Ce dernier cas est surtout fréquent dans les terrains tertiaires. Le bassin de Paris offre des meulières à deux étages distincts : le premier, associé au calcaire d'eau douce de la Brie, constitue des couches irrégulières sous forme d'amas au-dessus du terrain gypseux; le second forme des masses irrégulières qui ont généralement peu de suite et sont associées à une argile grossière qui compose l'assise supérieure des terrains tertiaires parisiens.

Quant à l'origine et au mode de formation des meulières, ils paraissent éclairés de la manière la plus vive par l'étude de ce qui se passe actuellement encore à l'orifice des geysers de l'Islande, de la Californie et de la Nouvelle-Zélande (fig. 58), sur lesquels nous aurons à revenir en traitant de l'opale.

En comparant en effet les dépôts siliceux de ces sources chaudes, encore en pleine activité, avec ceux de nos meulières dont la formation est complétement arrêtée, nous arriverons, en procédant du connu à l'in-

Fig. 58. — Vue des geysers de la Nouvelle-Zélande autour desquels
se déposent actuellement de véritables meulières.

connu, à pouvoir dire que les meulières des terrains neptuniens se sont sans doute formées de la même manière que celles des terrains volcaniques. La seule différence tient à la présence de l'eau dans les concrétions de geysérite, et il reste à trouver quelle cause a pu déshydrater la meulière.

Quartzites. — Les quartzites ne sont autre chose que des grès métamorphiques composés de quartz grenu, de couleur généralement grisâtre, compactes et à cassure cireuse. Quelquefois l'union des grains de quartz dont ils sont formés est tellement intime, que toute trace d'origine mécanique est effacée; on supposerait alors que les éléments de la roche ont été tenus primitivement en dissolution dans un liquide; mais avec quelque attention il est facile de trouver des grains de quartz roulés et de constater les passages des variétés à texture serrée vers de véritables grès. Les quartzites abondent dans les terrains paléozoïques, aux environs de Cherbourg, dans le massif des Ardennes, aux États-Unis. Ils sont également très-communs dans les Alpes où ils font partie de la formation anthracifère.

2. — MEULES A REPASSER.

Grès. — Ce sont presque exclusivement les grès qui constituent les meules à repasser. Ils ont, en effet, une structure uniforme, un grain suffisamment fin et homogène, et ils n'offrent pas de formes qui paraissent compromettre leur solidité lors de la rotation rapide qu'on leur imprime.

Les localités d'où l'on tire des grès propres à cet usage sont extrêmement nombreuses ; on peut remarquer que les meilleures meules viennent des terrains carbonifères.

D'ailleurs, on sait que les qualités de ces pierres ont été reproduites par M. Ransome dans ses pierres artificielles, et qu'il fabrique maintenant des meules à repasser pour les besoins de l'industrie.

3. — MEULES POUR BROYER ET PORPHYRISER.

A côté des meules à moudre et à repasser, l'industrie en emploie d'autres qui sont destinées à broyer et à pulvériser ainsi qu'à réaliser des mélanges intimes de matières préalablement mises en poudre. Ces meules sont parfois faites en fer, surtout quand l'on veut leur donner une grande dimension, mais on en fabrique aussi en pierres et spécialement en quartzite. Le fer est à écarter dans les cas où la matière broyée doit être conservée tout à fait incolore. Ainsi, les pâtes à porcelaine ne pourraient être broyées avec des meules de fer, parce qu'elles ne seraient plus blanches après la cuisson. Les substances employées varient d'ailleurs avec le but qu'on a en vue.

4. — POLISSAGE ET SECTION DES PIERRES, MARBRES, ETC.

Pour polir les marbres, granites, serpentines, jaspes, et pierres dures (fig. 59), on emploie des meules recouvertes de poudres diverses, généralement mouillées et empruntées au règne minéral. Pour scier les mêmes substances, on les attaque avec une scie le long de laquelle sont déposées les mêmes poudres mouillées; on peut même remplacer la scie par un simple fil de fer et même par une ficelle qui donne des résultats remarquables.

Nous allons énumérer, séparément, les principales substances mises en œuvre dans ce but.

Sables. — Les sables employés sont surtout quartzeux; on a soin qu'ils soient de grain fin et uniforme et bien lavé. Il servent surtout au sciage, mais on les applique aussi au premier polissage des roches dures. On trouve commode, dans beaucoup de cas, de les coller à la surface d'une feuille de papier qui prend le nom de *papier de verre* et qui, à beaucoup d'égards, mais avec une durée moindre rappelle le *papier d'émeri*.

Tripoli. — Les tripolis constituent des couches à structure schisteuse, mate et terreuse. Ces couches sont le résultat du dépôt de particules siliceuses presque impalpables, qui sont réunies en feuillets minces par la seule force d'adhésion favorisée par la compression. Chaque grain est dû, d'après Ehrenberg, à une dépouille d'infusoire. Les tripolis de Bilin, en Bohême, de Batras, de Creyscille, et du mont Charray dans l'Ardèche sont des exemples classiques de cette roche. Non loin d'Oberote, dans le baillage hanovrien d'Ebs-

FIG. 59. — Polissage des agates et des jaspes à la meule.

dorff, on a cité deux couches de silice pulvérulente, parfaitement blanches ou grises, dont la puissance dépasse 9 mètres, et qui sont formées exclusivement de dépouilles d'infusoires.

Pierre pourrie. — La pierre pourrie, largement employée à l'état de poudre pour polir le cuivre, l'argent, le métal anglais, le verre, etc., est un composé silico-alumineux, doux et friable, qui résulte de la décomposition de calcaires impurs par l'action d'eaux chargées d'acide carbonique. Sa densité est assez faible pour permettre à la pierre *en morceau* de flotter sur l'eau.

Crocus. — On peut réunir sous ce nom diverses substances essentiellement formées de sexquioxyde de fer et qui sont très-employées pour le polissage. Le *rouge anglais*, bien connu de tout le monde, en est le type ; il consiste en peroxyde de fer anhydre et finement pulvérisé. Sa dureté est très-considérable, et lui permet de mordre sur les métaux les plus durs.

Bath-Brick. — Nous conservons le nom anglais de cette substance, que tout le monde connaît au moins par l'usage qu'on en fait vulgairement pour rendre aux couteaux de table le brillant qu'ils ont perdu. La plus grande partie de ces briques est fabriquée en Angleterre, à Bridgewater, d'où elle est exportée très-loin. Elle consiste en une vase siliceuse qui se dépose au point même où l'eau salée de la mer dispute sa place à l'eau douce de la rivière, et renferme d'innombrables dépouilles d'infusoires.

Ponce. — Tout le monde connaît la ponce, remarquable par sa structure légère, spongieuse et boursouflée. Cette roche est fibreuse ou filamenteuse, rude au toucher, assez dure pour rayer le verre et l'acier. Sa densité varie de 1,7 à 2,5 ; elle fond au chalumeau en émail blanchâtre. Sa texture cellulaire la rend communément si légère, que souvent elle flotte sur l'eau.

Sa couleur, ordinairement grisâtre ou blanchâtre, est quelquefois jaunâtre, brunâtre ou noirâtre. Son aspect, fréquemment soyeux et comme filé, est un effet de la force de projection qui a étiré la matière au sortir du centre d'éruption.

Quelquefois, la ponce se montre à l'état stratiforme, à la surface de quelques courants d'obsidienne ; mais presque toujours elle est lapillaire, c'est-à-dire qu'elle résulte du refroidissement dans l'air et de la consolidation, par petits fragments, des matières trachytiques incandescentes, projetées par les volcans, et qui sont retombées sur le sol où elles forment des couches incohérentes mêlées de cendres volcaniques.

Émeri. — L'émeri comprend deux types principaux, correspondants aux structures *compacte* et *grenue*. C'est une roche de couleur foncée, dont les variétés principales sont caractérisées par la présence du *quartz*, de la *chlorite*, de l'*oligiste*, etc.

L'émeri se trouve en couches ou en amas stratiformes dans les étages des gneiss et des micaschistes. Ses principaux gisements sont en Saxe, en Chine, dans les Indes et en Asie Mineure, où la roche qui nous occupe a fourni à M. Lawrence Smith le sujet d'un travail devenu classique.

C'est, en effet, à ce savant qu'on doit la découverte, en 1847, de l'émeri en Asie Mineure, découverte qui eut pour résultat de faire baisser très-considérablement le prix de ce minéral si utile aux arts.

Le premier gisement où l'émeri fut rencontré est Gummech-Dagh, près de l'antique ville de Magnésie. Il est resté jusqu'ici le seul point de ces contrées où l'exploitation puisse être poursuivie d'une manière très-fructueuse. Dans cette localité, dont l'âge géologique n'est pas déterminé avec précision, mais qui est fort ancien, on voit des calcaires métamorphiques, bleuâtres en contact avec des micaschistes et des gneiss. Au sommet de la montagne de Gummech, l'émeri se trouve dispersé sur le sol en fragments anguleux d'une couleur foncée. D'énormes blocs, pesant souvent plusieurs milliers de kilogrammes, sortent à la surface du sol. En fouillant à une certaine profondeur, on trouve des blocs d'émeri de différentes dimensions qui y sont enfouis. Un peu plus profondément, on arrive au roc qui le contient. En brisant le marbre qui se montre en cet endroit à la surface, on est sûr de trouver des fragments d'émeri. Quelquefois, ce minéral forme des masses de plusieurs mètres de longueur et de largeur, et sa dureté est si grande que parfois, ne pouvant les rompre, on est contraint de les abandonner. Nulle part, dans cette région, l'émeri ne se présente en veines ou avec des indices de stratification.

On connaît l'usage de l'émeri, que sa dureté rend propre au polissage des corps durs. Aussi y a-t-il intérêt à déterminer avec précision cette dureté. Voici un procédé susceptible d'être appliqué dans l'industrie et que recommande M. Lawrence Smith.

On détache quelques fragments de l'échantillon soumis à l'examen, et on le brise dans un mortier d'Abich au moyen de deux ou trois coups de marteau; ensuite on jette le contenu du mortier dans un tamis de crin ayant, par exemple. 900 trous par centimètre

Fig. 60. — Polissage du diamant le Ko-hi-noor à l'aide d'une meule enduite d'égrisée.

carré : ce qui passe à travers le tamis est recueilli, et le reste est remis dans le mortier, cassé et tamisé encore, et ainsi de suite jusqu'à l'épuisement de l'émeri.

Ainsi pulvérisé et bien mêlé, l'émeri est pesé et soumis à l'épreuve suivante. On pèse une lame de verre ronde ayant environ 10 centimètres de diamètre et on y place l'émeri par très-petites doses à la fois. On le frotte avec le fond d'un mortier d'agathe. On enlève l'émeri de temps en temps avec une petite brosse ou une barbe de plume, et quand tout a passé une fois sur le verre, on le recueille sur du papier pour recommencer la même opération qui est répétée deux ou trois fois. Le verre est pesé encore et soumis de nouveau au frottement avec le même émeri qui commence à devenir impalpable. On continue ainsi jusqu'à ce que la pesée indique que l'émeri a cessé d'user le verre. La perte du poids du verre, sous l'action de divers émeris, donne une idée exacte de leur *dureté effective comparée*; et en prenant pour *unité* un corps déterminé, par exemple le saphir bleu de Ceylan, on pourra exprimer ces duretés en chiffres.

Diamant. — Le diamant, que nous ne décrivons pas ici, ayant à y revenir plus loin, est employé en poudre, sous le nom d'*égrisée*, pour le polissage des substances les plus dures. L'égrisée est la seule substance assez dure pour tailler et polir les diamants (fig. 60).

5. — PIERRES A REPASSER.

Nous avons parlé des meules à repasser; il s'agit maintenant des pierres de formes allongées, et par conséquent fixes au lieu d'être animées d'un mouvement de rotation que l'on emploie au même usage. Les unes doivent être employées sèches, mais le plus grand nombre sont enduits d'eau ou même d'huile suivant la finesse du *fil* qu'on veut donner à la lame repassée.

Voici les principales substances employées au repassage.

Grès à grains fins. — Tous les grès à grains fins et homogènes peuvent être façonnés en pierres à repasser. On fait grand cas des grès houillers et micacés dits psammites qui ne sont pas trop durs et ne prennent pas, au bout d'un certain temps de service, une surface polie et comme émaillée sur laquelle l'acier à user n'a plus de prise.

Micaschistes dits Ragstones. — Diverses variétés de micaschistes appelés *ragstones*, en Écosse, ont aussi les qualités voulues. Mais nous ne faisons que les mentionner à cause du délaissement où ils sont en France. C'est en Norwége et en Russie qu'ils sont surtout estimés.

Pierres à l'huile. — Le type des pierres, dites à l'huile ou novaculite (du latin *novaculum*, rasoir), consiste en un conglomérat sub-microscopique, composé de limon talqueux presque pur, consolidé par un ciment pyrophyllique et quartzeux, avec quelques mouches ou globules de pyrophyllite (hydro-silicate d'alumine). — Densité, 2,5 à 2,8.

Cette roche, ayant un éclat subluisant et gras comme le talc, ressemble un peu à certaines variétés de talcite ordinaire ; mais, sur divers points de la masse, on trouve des parties grenues, grossières, qui en font reconnaître l'origine sédimentaire. Couleurs : blanchâtre, jaunâtre, bleuâtre, verdâtre (dernière nuance due à un peu de chlorite), et quelquefois verdâtre ou rougeâtre par suite de la présence de matières ferrugineuses (peroxyde de fer). La novaculite forme de petites couches dans les terrains cambriens et siluriens, notamment aux environs d'Ottré et de Salin-Château (Ardennes belges) ; à Altenau et à Zorge, au Hartz ; à Serfendorf, en Saxe ; à Lauenstein, près Bayreuth ; dans le pays de Galles et dans le Devonshire (Angleterre) ; dans le Levant, etc.

La novaculite est exploitée et très-recherchée comme excellente pierre à aiguiser les rasoirs, les lancettes, les canifs, etc.

6. — BRUNISSEURS.

Les brunisseurs les plus souvent employés sont en acier. Cependant, on emploie divers minéraux aux mêmes usages et il faut les mentionner. Les plus fréquents sont l'hématite ou oxyde de fer hydraté, les agates, les cornalines et les jaspes. Nous connaissons déjà ces substances, et il n'y a pas lieu de nous y arrêter ici.

CHAPITRE XII

SUBSTANCES RÉFRACTAIRES

Il n'est pas nécessaire de faire ressortir l'importance des matières réfractaires. Nous ne pourrions pas réduire les minerais métalliques, fondre le verre, cuire les poteries, distiller la houille pour faire du gaz, etc., si nous n'avions des matériaux capables de subir de très-hautes températures sans se modifier, et surtout sans perdre leur état solide. Certaines de ces substances, comme la pierre ollaire et l'asbeste, ont été connues de tout temps ; les autres sont, en définitive, des produits de l'industrie, et leur découverte est plus récente. Nous en réunirons la liste en deux séries, relatives l'une aux substances qui ne peuvent être utilisées qu'après une préparation préalable, l'autre, celles que la croûte terrestre nous fournit toutes formées.

1. — SUBSTANCES DONT L'USAGE EXIGE UNE PRÉPARATION
PRÉALABLE.

Argiles réfractaires. — Déjà, en parlant des argiles, nous avons dit qu'elles offrent quant à la fusibilité, des propriétés très-diverses.

Les unes, chargées de fer, coulent à une température relativement peu élevée et cuisent en rouge ; d'autres, au contraire, cuisent en blanc et ne contiennent à peu près que de la silice, de l'alumine et de l'eau : elles résistent aux feux les plus violents. On en rencontre de cette espèce dans des terrains très-variés : le kaolin des terrains granitiques en est le type, et les terrains tertiaires, par exemple à Montereau (Seine-et-Marne), en fournissent d'excellente. On en tire en abondance du terrain houiller, par exemple en Angleterre, où elle est très-estimée.

Sables siliceux. — Certains sables siliceux peuvent être employés à la fabrication de produits réfractaires. Les uns contiennent un peu de chaux qui, par la cuisson, cimente les grains de sable, et on peut les imiter artificiellement ; les autres consistent en silice hydratée, et forment dans nos terrains crétacés et jurassiques du nord-est des assises importantes. Dans les Ardennes on l'appelle *gaise*, et l'industrie en tire un excellent parti.

Farine fossile. — La *farine fossile*, signalée par M. Fournet, à Ceyssat et à Randan, dans le département du Puy-de-Dôme, est composée d'infusoires d'eau douce vivant encore aujourd'hui. Aussi M. Fournet a-t-il reconnu que la production de Ceyssat date de l'époque actuelle, et c'est la même conclusion à laquelle est arrivé Ehrenberg pour les farines d'Ebsdorff, qui sont en ce moment même en voie de formation. Enfin, nous devons mentionner l'usage que diverses populations sauvages ou vivant sous des climats rudes ou improductifs font, comme aliment, de certaines variétés de silice hydratée.

En 1853, un paysan de Degersdorf, dans la Bothnie occidentale, sur les confins de la Laponie suédoise, découvrit, en abattant un arbre, une matière terreuse qui fut mélangée avec de la farine de seigle, puis pétrie et cuite au four comme du pain. Elle est particulièrement composée de silice, et sous le microscope paraît ne renfermer que de petits corps allongés, ovoïdes, bacillaires, cylindriques, aciculaires, etc., provenant d'infusoires, suivant M. Ehrenberg, tandis que M. Greville n'y voit que des algues. La farine fossile offre des propriétés réfractaires souvent mises à profit.

Graphite. — Le carbone, à l'état de liberté, forme, sous le nom de *graphite*, une roche dont l'importance pratique compense le peu d'abondance. C'est une matière d'un gris demi-métallique, qui rappelle celui de certains métaux, et d'où dérive le nom de *mine de plomb.*

Le graphite se présente surtout à l'état compacte, mais il est facile d'observer dans les masses qu'il constitue des signes souvent très-nets de cristallisation.

Le graphite existe quelquefois dans les terrains primitifs, mais il appartient essentiellement aux terrains de transition. On le trouve aussi dans des couches beaucoup plus récentes, mais seulement lorsque celles-ci ont subi des actions métamorphiques.

Comme exemple de graphite existant dans les roches primitives, nous citerons spécialement celui que l'on exploite au Canada, dans les cantons de Buckingham et de Lochaber. Dans ces localités, le graphite est associé aux lentilles de calcaires que renferme le gneiss.

C'est à un gisement tout à fait analogue que se rapporte le graphite de Bohême et de Bavière, régions de l'Europe qui renferment en plus grande abondance la roche qui nous, occupe. D'après le rapport de la dernière exposition, l'Autriche a produit, en 1865, 7,082 tonnes de graphite primitif.

En Sibérie, le graphite existe aussi dans les terrains anciens, avec une abondance tout à fait exceptionnelle. Jusqu'ici on connaît deux localités bien distinctes qui en paraissent très-riches; l'une est le mont Batougol, près d'Irkoutsk, qui possède un gîte, découvert par

M. Alibert, et qui a fourni 49,000 kilogrammes de graphite pur ; l'autre est située près de Kramajarck, et a été signalée par M. Sidoroff.

On rencontre en Espagne un graphite intéressant par son âge géologiquement récent. Il paraît, en effet, appartenir au trias, et se rencontre à Huelma, au nord de la Sierra-Nevada.

Le terrain de lias des Alpes, qui contient de l'anthracite sur plusieurs points, offre quelques gisements de graphite, notamment au col du Chardonnet, près de Briançon ; ce graphite est remarquable par les empreintes végétales qu'il renferme, et par le jour qu'il jette ainsi sur l'origine de la matière qui nous occupe.

Les variétés argileuses de graphite, ou bien le mélange de cette roche avec de l'argile, sont employées comme matière première pour la fabrication de poteries et de briques éminemment réfractaires.

Les creusets qu'on en fait sont précieux, en outre, au point de vue des industries chimiques, par leurs propriétés réductrices qui les désignent pour opérer la révivification des oxydes très-stables.

Aluns. — L'alun ou sulfate double d'alumine et de potasse est surtout un produit artificiel. Cependant il existe une roche appelée *alunite*, et qui peut servir à le préparer directement (fig. 61).

La formation de cette roche continue encore aujourd'hui ; elle est liée d'une matière intime au dégagement du gaz sulfhydrique qui s'exhale des profondeurs. A Montioni, à Campiglia et à la Tolfa, où la fabrication de l'alun a été pratiquée sur une vaste échelle, l'alunite forme des gisements circonscrits au milieu des schistes argileux rougeâtres de l'époque

FIG. 61. — Production de l'alun.

jurassique. Ceux-ci, par l'action de l'hydrogène sulfuré, ont été transformés en une pierre d'alun plus ou moins parfaite. D'ailleurs, la manière dont l'alunite sé produit encore aujourd'hui dans la solfatare de Pereta donne l'explication des causes auxquelles on doit attribuer l'origine des anciennes alunites. On reconnaît que, dans cette localité, le gaz sulhydrique se décompose, et que le produit de cette décomposition est du soufre qui se dépose et de l'acide sulfurique, lequel se forme par un procédé analogue à celui que l'on remarque dans les eaux thermales. L'acide sulfurique, réagissant à son tour sur les roches à travers lesquelles il suinte, les altère plus ou moins profondément : ainsi, sur les points d'attaque, les calcaires sont transformés en gypse, les grès sont blanchis et les schistes argileux convertis en alunite, sans que la stratification ait été dérangée.

L'alunite est exploitée comme mine d'alun. Il suffit de la griller pour qu'elle abandonne ensuite à l'eau une grande quantité de ce sel double.

A la Tolfa, l'opération est pratiquée de la manière suivante : l'alunite, extraite du sol et concassée en morceaux de la grosseur de la tête environ, est introduite dans un four chauffé au bois et analogue à ceux qui servent à la cuisson de la chaux et du plâtre. Ce fourneau est divisé horizontalement en deux compartiments au moyen d'une sole en forme de voûte percée de trous et construite à une faible distance du fond du fourneau. Le compartiment inférieur qui, par ses dimensions, équivaut à peu près au cinquième de la cavité totale, constitue une chambre dans laquelle circule la flamme d'un foyer placé à l'extérieur. Grâce à cette disposition, la voûte que forme la sole du compartiment supérieur s'échauffe d'abord, puis, au moyen des orifices qui s'y trouvent pratiqués, la flamme pénètre dans ce compartiment où se trouvent empilés les fragments d'alunite dont elle traverse la masse en élevant leur température.

Sous l'influence de la chaleur, la décomposition s'accomplit et l'on continue le feu jusqu'à ce que les vapeurs dégagées au sommet du fourneau paraissent blanchâtres et indiquent la décomposition d'une partie du sulfate d'alumine. Lorsque cette production se manifeste, on arrête l'opération qui, d'habitude, exige trois heures environ, puis on défourne le minerai calciné. Celui-ci est alors entassé sur des aires planes, ou même dans des citernes en béton, puis humecté tous les jours avec de l'eau jusqu'à ce qu'il se réduise de lui-même en une masse friable et quelquefois pâteuse. Trois ou quatre mois sont nécessaires pour obtenir ce résultat. Lorsqu'il est atteint, on enlève la masse, on la porte dans des chaudières en plomb où on la lessive à l'eau bouillante; puis on abandonne plusieurs jours au repos, dans de grandes citernes, la liqueur trouble formée par le lessivage. Une fois éclaircie, cette solution est soutirée, évaporée à la manière ordinaire, puis abandonnée à la cristallisation. Elle fournit alors une masse de cristaux cubiques, très-légèrement colorés en rose que l'on désigne dans le commerce sous le nom d'alun de Rome.

L'alun en dissolution dans l'eau rend incombustibles les tissus et les autres substances inflammables qu'on y plonge.

D'autres sels jouissent de la même propriété et, par exemple, le chlorure de calcium, le sulfate de magnésie mêlé au borax, le sulfate d'ammoniaque mêlé de gypse, le tungstate de soude, etc.

2. — SUBSTANCES NATURELLES.

Pierres réfractaires (firestones). — Les pierres naturelles propres à la fabrication des fours et des hauts fourneaux sont surtout des grès comme il en existe dans diverses parties de l'Angleterre et des États-Unis. Quelques-uns des premiers ont été pour le même usage transportés jusqu'à Saint-Pétersbourg. On appelle, en Angleterre, *leckstones* certains trapps qui jouissent des mêmes propriétés.

L'emploi de ces diverses roches est de plus en plus restreint par l'usage des briques réfractaires, dont le prix est de moins en moins élevé.

Pierre ollaire. — C'est au chloritoschiste que se rapporte la *pierre ollaire*, qui se laisse tourner facilement et s'emploie en conséquence à la fabrication d'une foule d'objets servant dans les usages domestiques et qui supportent parfaitement l'action du feu, tels que marmites, poteries et autres vases propres à cuire les aliments.

Le véritable type de la pierre ollaire (*topfstein* des Allemands) se trouve dans les Alpes, à Chiavenna.

Asbeste. — L'asbeste est une variété de l'amphibole trémolite. Elle est blanche ou blanc grisâtre ; son éclat est sub-nacré, sa texture lamello-fibreuse. Elle gît particulièrement dans la dolomie du mont Trémola, au Saint-Gothard, où elle affecte la forme de prismes allongés et aplatis. Sa substance se compose d'un silicate de chaux et d'un silicate de magnésie. L'amiante n'est autre chose qu'une trémolite filamenteuse et soyeuse. On l'emploie à la fabrication de tissus assez souples et incombustibles. C'est dans de pareils tissus que les anciens plaçaient souvent les cadavres qu'ils incinéraient.

CHAPITRE XIII

PEINTURES, TEINTURES ET TERRES
A DÉGRAISSER

Les substances dont nous allons parler intéressent très-directement les arts et manufactures. Les peintures, à part l'ornementation qu'elles fournissent, préservent les surfaces de bois et de métal contre les injures des intempéries; les teintures donnent de la beauté aux tissus les plus divers; et les terres à dégraisser sont indispensables au nettoyage des fils destinés au tissage. Il est vrai que les règnes organiques fournissent des substances analogues; mais celles qui sont tirées du monde minéral ont beaucoup plus d'éclat et de solidité, et sont beaucoup plus abondantes que les autres. Ces substances ont attiré de bonne heure l'attention des hommes, et le sauvage, qui se peint avec de l'ocre rouge ou qui se nettoie avec une argile magnésienne et qui enduit la peau de bête qui le couvre de quelque limon coloré, ne fait pas autre chose que nous-mêmes avec nos fards et nos teintures. Peu des substances qui nous occupent peuvent être employées à l'état naturel; le plus souvent il est nécessaire de leur faire subir une préparation, mais celle-ci sort de notre cadre.

1. — PEINTURES.

Les peintures sont produites par des poudres insolubles associées soit à une solution mucilagineuse (peintures à l'eau), soit de l'huile de lin (peintures à l'huile). On les mêle aussi avec de l'argile blanche et de la gomme adragant pour en faire des crayons cylindriques, connus sous le nom de *pastels*.

Peintures minérales. — Parmi les plus communes, on doit citer les oxydes de fer, désignées sous le nom d'*ocres* et de *bols*.

Les *ocres* sont formés d'oxyde de fer hydraté mélangé en général avec de l'argile plus ou moins abondante, qui en fait varier la nuance du jaune pâle au brun foncé; d'ailleurs, par le mélange avec des poudres blanches ou autres, il est facile d'en modifier le ton entre des limites très-larges.

Les *bols* sont plus argileux encore, et l'on en connaît un très-grand nombre de variétés désignées sous des noms spéciaux. Le *bol d'Arménie* est d'un rouge vif, celui de *Sinople* d'un rouge foncé; le *bohémien* d'un jaune rougeâtre, celui de *Blois* d'un jaune pâle, le *bol français* est rouge pâle; le *bol de Lemnos* d'un rouge jaunâtre, celui de *Silésie* est analogue, mais d'une nuance plus brillante.

L'*ocre rouge* est anhydre et dérive de certaines hématites altérées. On peut l'obtenir en calcinant les ocres jaunes et les bols.

Le mélange d'oxyde de fer et d'oxyde de manganèse donne la *terre d'Ombre*; il est brun et assez employé.

Le *blanc de Meudon* ou *de Troyes*, appelé aussi *blanc d'Espagne*, consiste en craie blanche préalablement broyée et lavée, puis moulée en pains.

L'*outre-mer naturel* n'est autre chose que le *lapis lazuli* réduit en poudre. Le lapis lazuli, que l'on recueille dans l'extrême Orient, est très-rare, et se rencontre dans les roches cristallines. Il consiste en une association de silice, d'alumine, de soude, d'acide sulfurique, de chaux, de fer, de chlore et d'eau. Notre compatriote M. Guimet est arrivé, en 1822, à reproduire artificiellement cette première substance, dont la consommation est devenue immense.

Peintures métalliques. — Sous ce titre, nous réunissons la liste des couleurs à base métallique, dérivant par conséquent du règne minéral, mais qui sont néanmoins des produits de réactions chimiques plus ou moins compliquées. On verra que chaque nuance peut être obtenue par des métaux différents.

Le *blanc* dérive du plomb, du zinc, de la barytine, de la craie, etc.

Le *jaune*, de l'antimoine, du plomb, de l'arsenic, du chrome.

L'*oranger*, de l'ocre, du chrome, du plomb.

Le *brun*, de la terre d'Ombre, de la terre de Sienne, du manganèse.

Le *rouge*, de l'ocre, du bol, du chrome, du mercure, de l'arsenic, du plomb.

Le *noir*, du fer, du manganèse, du bitume.

Le *bleu*, du cobalt, du cuivre, du fer, du lapis lazuli.

Le *pourpre*, de l'or et de l'étain.

Le *vert*, du cuivre, du chrome, de l'arsenic.

Pastels. — Nous avons déjà dit comment on obtient les pastels au moyen des couleurs qui viennent d'être citées et qui sont simplement incorporées à de l'argile et cimentées par de la gomme. Il faut seulement ici mentionner ce qu'on peut nommer le pastel noir et qui est plus connu sous le nom de crayon de mine de plomb.

On sait que la mine de plomb n'est autre chose que du graphite. Lorsque cette roche est pure, comme elle l'était à Borrowdale avant l'épuisement du gîte et comme elle l'est encore en Sibérie, il suffit, pour avoir els baguettes de graphite qu'on incruste dans le bois, de le débiter à la scie. Mais ceci est impossible pour les graphites impurs, de beaucoup les plus abondants.

Aussi, au moment où les mines anglaises s'appau-

vrissaient, où celles de Sibérie n'étaient pas encore connues, était-on quelque peu inquiet au sujet de la fabrication future des crayons. C'est alors que Benjamin
Brodie imagina la méthode ingénieuse qui a permis

FIG. 62. — Carrière de calcaire lithographique de Solenhofen,
en Bavière.

de faire d'excellents crayons avec des graphites fort
médiocres.

On a recours, pour cela, à la lévigation. Le graphite
brut est pulvérisé, puis soumis dans de grands vases à
l'action continue d'un courant d'eau de vitesse déterminée. La matière charbonneuse entre en suspension
dans le liquide, tandis que les substances pierreuses

étrangères restent au fond du vase ; en décantant et en laissant le liquide à lui-même, on a du graphite qui est d'autant plus pur qu'il a mis plus de temps à déposer. Ce graphite pulvérulent est agglutiné par simple pression et monté en baguettes qu'on n'a plus qu'à garnir de bois pour les transformer en crayons ordinaires.

Lithographie. — C'est ici le lieu de rappeler que la lithographie emprunte au règne minéral les planches sur lesquelles elle s'exécute. Celles-ci consistent en calcaires à grains très-fins qu'on rencontre à divers étages géologiques et dont les meilleures sont fournies par les couches coralliennes de Solenhofen, en Bavière (fig. 62).

Vernis. — La plupart des vernis sont constitués par des résines ou d'autres produits organiques ; il en est cependant dont la base est l'ambre ou l'asphalte et qui, par conséquent, rentrent dans notre domaine.

2. — TEINTURES.

Il y a peu de temps encore, la teinture ne faisait que peu d'emprunts au monde inorganique et se bornait presque à y trouver des mordants : les acétates de fer et de plomb, l'alumine, les sulfates de fer et d'alumine, l'aluminate de soude, l'alun, peuvent être citées comme exemples.

Aujourd'hui les choses ont bien changé, et depuis la découverte des incomparables couleurs extraites de la houille, on peut dire que la teinture est devenue tributaire de la Géologie. Nous n'avons pas, d'ailleurs, à donner des détails à ce sujet, qui est du domaine, de la chimie technologique; il nous suffit de l'avoir mentionné.

3. — TERRES A DÉGRAISSER.

Terre à foulon. — La terre à foulon, ou smectite, est une argile très-hydratée, fréquemment très-onctueuse au toucher; prenant un éclat gras dans la râclure, se laissant habituellement couper au couteau en petits copeaux minces, comme le savon ordinaire ; de couleur brunâtre, bleuâtre, gris-verdâtre, etc. ; presque toujours plus ou moins fusible par suite de sa nature plus ou moins hétérogène ; se délayant dans l'eau en formant une sorte de pâte courte, peu malléable et ductile, absorbant les matières graisseuses. — Densité : 1, 7, à 2, 4.

La smectite perd beaucoup plus de son volume par la dessiccation que l'argile plastique. Lorsque, séchée, on la plonge dans l'eau, la masse éclate en fragments qui deviennent hydrophanes (translucides); puis ces fragments augmentent de volume et fondent successivement en se démolissant.

BIBLIOGRAPHIE.

WAGNER : *Manuel de chimie technologique.* — URE : *Diction-naire des arts et manufactures.* — KNAPP : *Chimie tech-nologique.* — WATT : *Dictionnaire de chimie.* — SALVE-TAT : *Arts céramiques.* — GIRONDIN : *Chimie appliquée.* — KŒCKLIN : *Teinture.* — WATT : *Dictionnaire de chimie.* — BARRESWILL ET AIMÉ GIRARD : *Dictionnaire de chimie appliquée.* — HOFFMANN : *Rapports sur les progrès de la chimie appliquée.*

CHAPITRE XIV

SELS ET TERRES SALINES

Sous ce titre, nous comprenons les substances qui, comme le sel gemme, le natron, le nitre, se tirent de la croûte terrestre, soit dans un état cristallin relativement pur, soit associées avec des matières terreuses, et qui exigent alors pour être extraites le secours d'opérations chimiques. Ces substances jouent un rôle important dans les arts et l'industrie, dans l'économie domestique, la médecine, l'agriculture, le blanchiment, la teinture, la fabrication du verre, celle de la poudre, des couvertes, des émaux, etc. Les uns sont, sous forme de pierres, comme le sel gemme, d'autres se déposent par l'évaporation de certaines eaux et forment alors des encroûtements à la surface du sol. Il en est d'anhydres et d'hydratés; certains sont déliquescents pendant que d'autres sont efflorescents. Tous peuvent aisément être produits artificiellement par des procédés chimiques.

1. — SELS DE SOUDE.

La soude entre dans la composition d'un grand nombre de sels naturels dont nous allons énumérer les principaux :

La soude muriatée ou sel marin est du chlorure de sodium, d'une saveur franchement salée. Elle est incolore ou légèrement grise à l'état de pureté, transparente et translucide, son aspect rappelle un minéral pierreux cristallisé ; de là le nom de sel gemme, donné à celle que l'on extrait à l'état solide du sein de la terre.

Le sel marin est activement exploité dans certaines contrées où il forme des dépôts considérables (Lorraine, Salzbourg, Suisse, Pologne) ; on en extrait aussi une grande quantité des sources salées et des eaux de la mer. Il constitue la matière première pour la fabrication de la soude artificielle et pour celle du chlore et de l'acide chlorhydrique. On l'emploie aussi en agriculture.

La soude sulfatée ou sel de Glauber est nommée aussi *exanthalose*, à cause de la propriété qu'elle possède de devenir farineuse, ou, comme on le dit, de *s'effleurir* à l'air. C'est un sulfate de soude hydraté trèssoluble et bien cristallisé. Ses cristaux dérivent d'un prisme rhomboïdal, unoblique. Sa saveur est amère et salée. Elle est douée de qualités purgatives.

L'exanthalose forme des veines dans les terrains de gypse et de sel gemme. On en trouve dans la vallée de l'Èbre, et dans le gîte salifère de Villefranque (Basses-Pyrénées). Plusieurs lacs et certaines sources en tiennent en dissolution.

La soude carbonatée comprend le *natron* et l'*urao*, sels d'une saveur âcre et urineuse, solubles, avec effervescence, dans l'acide nitrique. Leur substance est constituée par le carbonate de soude.

Le natron se trouve en efflorescence à la surface des grandes plaines en Hongrie, en Égypte, en Arabie; et en solution, en proportions variables, dans les eaux de certains lacs, et dans beaucoup d'eaux minérales gazeuses (Vichy, Seltz).

L'*urao* s'exploite dans certaines localités de l'Égypte comme pierre de construction.

La soude carbonatée sert aussi pour la fabrication du savon et des verreries.

La soude boratée ou borax, sel dont la substance est un borate de soude, a une saveur douceâtre et fond au chalumeau avec boursouflement, en produisant, en définitive, un verre incolore.

On trouve le borax en solution dans certains lacs de l'Inde; récemment, on a trouvé moyen de le fabriquer en Toscane, en combinant la source avec l'acide borique naturel.

2. — SELS DE POTASSE.

Le principal sel de potasse est le *nitre*, sel anhydre, que l'on reconnaît facilement à sa saveur fraîche et à la propriété qu'il possède de fuser sur les charbons.

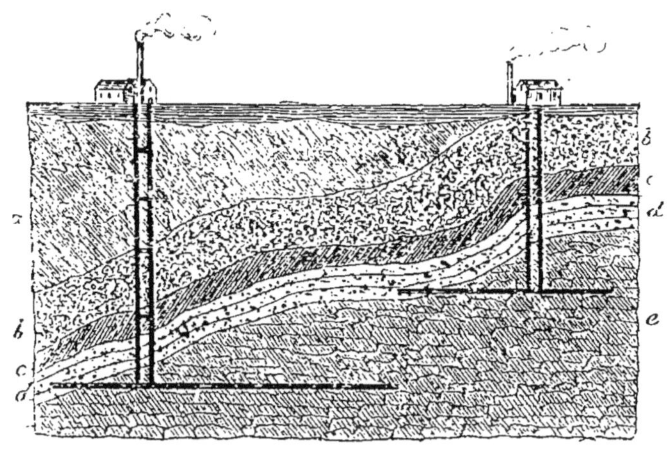

FIG. 63. — Coupe du gisement de sels potassiques de Stassforth (Prusse).

Le nitre se trouve en efflorescences sur des roches calcaires, à la surface de certaines plaines (Podolie, Égypte, Perse), et sur les bords de la mer Caspienne. Il se forme journellement, conjointement avec le nitrate de chaux, dans les caves, les écuries. Ce nitre impur des murailles est connu sous le nom de salpêtre. On sait que le nitre joue le premier rôle dans le mélange qui constitue la poudre.

Dans ces derniers temps, on a fait, à Stassfurt, en Prusse, la découverte importante d'épais amas de chlorure de potassium associé au sel gemme, aux chlorures de magnésium et de calcium, au sulfate de magnésie, etc. (fig. 63). La même association intéressante a été rencontrée aussi à Kalutz, en Hongrie, et à Maman, en Perse.

3. — SELS DE MAGNÉSIE.

Citons :

La *magnésie sulfatée* ou sel d'Epsom, désignée en minéralogie sous le nom d'Epsomite, et dont la substance est le sulfate de magnésie hydraté, et la forme un prisme presque carré. Sa saveur est amère. En solution dans certaines sources, il leur communique des qualités purgatives (Epsom, Sedlitz). On le trouve en veines à structure bacillaire ou fibreuse dans quelques dépôts salifères ou gypseux (Fiton, dans les Corbières).

La magnésie boratée ou *boracite*, espèce dont la substance est un borate de magnésie et qui ne se trouve qu'en petits cristaux isolés au milieu du gypse, à Lunebourg (Brunswick), et à Segebert (Holstein). Ces cristaux sont des cubes très-nets, de couleur grisâtre ou incolore.

4. — SELS D'AMMONIAQUE.

Le principal sel d'ammoniaque natif est le *salmiac* ou chlorhydrate d'ammoniaque qui se rencontre à la surface de certains lacs desséchés en incrustations cristallines. Il entre dans la constitution du guano des îles Chincha.

Le *carbonate d'ammoniaque* et le sulfate de la même base se présentent aussi à l'état natif; ils sont cependant peu abondants et l'industrie sait les produire en abondance.

5. — SELS D'ALUMINE.

L'alumine sulfatée ou *alunogène* est un sulfate d'alumine hydraté qui se forme par efflorescence dans les schistes ou les argiles pyritifères où il est habituellement mélangé de sulfate de fer. D'une saveur âcre comme celle de l'encre, et d'une teinte jaune plus ou moins prononcée. Dans les schistes alumineux, il est en petites masses mamelonnées et tuberculeuses, ou en veines fibreuses. On le trouve aussi dans quelques solfatares.

L'alumine sulfatée alcaline ou *alun* est un sel beaucoup plus rare que le précédent et qui existe tout formé dans certaines solfatares.

L'*alunite* ou pierre d'alun est l'alumine sous-sulfatée alcaline. On y trouve réunis tous les matériaux de l'alun, et elle devient en partie soluble et réductible immédiatement en alun par une calcination ménagée. Dans les cellules qu'offre cette pierre, on trouve souvent de petits rhomboèdres de 93° assez durs pour rayer le calcaire. (Voyez plus haut p. 217 pour la fabrication de l'alun.)

6. — SELS MÉTALLIQUES.

Sous le nom de sels métalliques, nous comprenons les substances telles que les sulfates de fer, de cuivre et de zinc, connus vulgairement sous les noms de couperoses ou de vitriols. Ils ne se montrent à l'état natif que d'une manière tout à fait exceptionnelle ; mais l'industrie les prépare en abondance. Leurs applications sont très-nombreuses et très-variées.

Le sulfate de fer (*apatélite*) est ordinairement produit par la décomposition de la pyrite sous des influences oxydantes, et on le rencontre, par conséquent, dans les schistes et les argiles pyriteuses.

L'argile plastique de Vaugirard, les couches ligniteuses du Soissonnais, par exemple, en renferment.

Le sulfate de cuivre (*cyanosite*) ne se montre guère que dans les galeries des mines de cuivre où les minerais sulfatés sont exposés à l'action des agents atmosphériques ; il est très-rare.

Enfin le sulfate de zinc (*goslarite*) se montre de même dans les déblais provenant d'anciennes exploitations de blende.

7. — BARYTE ET STRONTIANE.

La *barytine* ou sulfate de baryte (spath pesant) est la plus pesante des pierres haloïdes, 4,3 à 4,5 pour la densité. Elle est fusible au chalumeau en un émail blanc.

Elle est ordinairement grisâtre, jaunâtre, blanchâtre, et fréquemment cristallisée. On la rencontre aussi très-souvent en masses laminaires.

C'est principalement dans les filons plombifères qu'elle se trouve. On en trouve aussi dans l'arkose d'Auvergne.

La strontiane sulfatée s'appelle *célestine* pour les minéralogistes; elle a de fort grands rapports avec le minéral précédent. On la trouve dans les terrains de sédiment associés au gypse ou au sel gemme. Les cristaux les plus remarquables viennent d'un terrain gypseux de Sicile, où ils sont accompagnés de soufre. La célestine est habituellement blanche ou grisâtre; mais les premières variétés connues offraient une teinte bleue qui avait suggéré à Werner le nom de cette espèce.

8. — SOUFRE.

L'aspect du soufre, et particulièrement sa couleur, sont très-connus de tout le monde; mais il s'en faut de beaucoup que ce minéral se présente toujours avec des caractères extérieurs aussi reconnaissables. Ainsi, à l'état de roche, il est souvent compacte et gris, ressemblant tout à fait à une marne ou à un calcaire à grains très-fins.

Quoi qu'il en soit, il possède une dureté un peu supérieure à celle du gypse, et que l'on représente par le chiffre 2,3 de l'échelle de Mohr.

Il fond à la température de 110°, et se volatilise complétement. Il brûle et s'enflamme avec une grande facilité; ce qui est, comme on sait, la raison des applications principales qu'on en fait. La couleur bleue de la flamme qui accompagne sa combustion est caractéristique, ainsi que l'odeur suffocante que l'on ressent en même temps. La pesanteur spécifique du soufre est en moyenne égale à 2.

On trouve du soufre dans des gisements très-différents, depuis les terrains schisteux cristallins jusqu'aux couches les plus modernes; toutefois, c'est dans l'étage tertiaire qu'il est de beaucoup le plus développé.

Le gisement le plus ancien de la matière que nous étudions est sans doute celui que l'on a signalé aux environs de Quito dans des quartz subordonnés aux micaschistes.

C'est en Sicile que se présente le plus important des gîtes de soufre. On a longtemps discuté sur son âge, qui a été rapporté soit au terrain crétacé, soit aux diverses périodes du terrain tertiaire. D'après des recherches récentes dues à M. S. Mottura, ingénieur des mines, on doit le considérer comme miocène. Ce qui paraît certain, c'est qu'il repose sur le calcaire à hippurites de la craie et est recouvert en stratifications discordantes par des couches tertiaires très-récentes.

Le terrain soufrier de la Sicile se compose de grès bitumineux à grains fins et de marnes schisteuses noires bitumineuses, contenant des lits interstratifiés de calcaire compacte. Ces marnes, que l'on désigne dans le pays sous le nom de *marnes azurines*, constituent le véritable gisement du soufre.

Le soufre que l'on exploite dans les Romagnes appartient aussi au terrain miocène; et c'est à des couches à peu près contemporaines des précédents que l'on rapporte les gisements de Lorca et de Teruel, en Espagne.

Dans ces dernières localités, le soufre est associé à des marnes et à des calcaires qui contiennent des coquilles et des poissons dont l'étude a permis d'en préciser l'âge géologique.

La seule localité française où le soufre apparaisse avec quelque abondance est Tapets, près d'Apt (Vaucluse), qui présente des calcaires marneux tertiaires dont la teneur va de 20 à 25 pour 100.

En Égypte, le long du littoral de la mer Rouge, on trouve de temps en temps des amas de soufre, tous tertiaires. Deux d'entre eux ont été récemment visités par M. Petitgand, ingénieur des mines, qui y signale toutes les circonstances caractéristiques des autres gîtes du même âge.

Le terrain volcanique actuel renferme du soufre au dépôt duquel nous assistons chaque jour.

Enfin nous devons citer comme soufre moderne celui qui se dépose constamment des sources sulfureuses, soit sous forme de concrétions et de stalactites, soit sous forme de cristaux.

Quoi qu'il en soit de ces divers gisements, on peut, jusqu'à présent, considérer la Sicile comme le seul pays qui fournisse des masses de soufre au commerce.

Le nombre des mines qui y sont actuellement ouvertes est d'environ *deux cents*, et celui des exploitations qu'on pourrait découvrir encore dépasserait certainement ce chiffre.

La production annuelle de ces deux cents mines pourrait être facilement quintuplée en substituant aux moyens grossiers encore employés aujourd'hui, les perfectionnements en usage dans les contrées où les mêmes exploitations sont plus avancées.

En Sicile, les mines de soufre sont en général à la profondeur de 50 à 100 mètres. On y pénètre par des galeries très-inclinées, en forme d'escaliers tortueux, taillées dans le sol, et c'est par cette voie qu'on extrait le minerai à *dos d'enfants*.

L'abattage du minerai se fait à la pointe du pic ou *picon*; de là le nom de *piconieri* donné aux mineurs.

Leur nombre, pour toute la Sicile, est estimé à 5,000 environ, et celui des enfants qui charrient le minerai est double.

La plupart des minerais de Sicile sont fort riches ; ils contiennent jusqu'à 80 pour 100 de soufre ; mais leur richesse tombe quelquefois au-dessous de 10 p. 100.

On exploite par liquation ce qui atteint cette proportion, mais on rejette ce qui est inférieur.

BIBLIOGRAPHIE

WAGNER : *Manuel de technologie.* — KNAPP : *Chimie technologique.* — URE : *Dictionnaire des arts et manufactures.* — WATT : *Dictionnaire de chimie.* — BALARD : *Le rapport sur l'Exposition de 1855.* — *Annales de chimie.* — DELAFOSSE : *Minéralogie.* — STANISLAS MEUNIER : *Géologie appliquée.*

CHAPITRE XV

SOURCES MINÉRALES ET THERMALES

Évidemment, si on prend les choses au pied de la lettre, toutes les sources sont minérales, puisque toutes sortent de la terre. Aussi doit-on rappeler qu'on est convenu d'appliquer spécialement ce nom aux eaux qui contiennent à l'état de dissolution des principes minéraux non ordinairement contenus ou moins avec la même abondance dans les eaux superficielles. Le plus souvent à ce caractère de composition s'en joint un autre, qui est de posséder une température indépendante de celle de l'air, au lieu considéré et d'être constante : c'est ce qu'on exprime en disant que les sources qui sont dans ce cas sont thermales. Il peut arriver que des sources quoique chaudes ne soient point minéralisées, on les dit alors *indifférentes*; ce sont proprement de l'eau chaude. D'autres contiennent des matières non en dissolution, mais en suspension, et sont terreuses. Enfin nous rappellerons d'un simple mot les sources boueuses et les sources bitumineuses, dont nous avons parlé et sur lesquelles il n'y a pas à revenir. Ces éliminations une fois faites, il nous reste à signaler rapidement un très-grand nombre d'eaux minérales recommendables par les applications qu'on en a faites à l'art de guérir. Pour plus de clarté, nous les répartirons en *eaux sulfureuses, eaux salines* et *eaux ferrugineuses* qui seront décrites successivement d'une manière sommaire.

1. — EAUX SULFUREUSES.

Il existe deux espèces d'eaux sulfureuses : les unes *naturelles,* franchement *sulfurées;* les autres *artificielles, sulfhydriques.*

La première espèce d'eaux sulfureuses sourdent *naturellement* chargées de sulfure de sodium.

Ces eaux sont très-altérables à l'air; elles sont inodores, incolores et limpides avant leur contact avec ce dernier agent, et ce n'est que postérieurement et consécutivement à ce contact avec l'oxygène de l'air qu'elles répandent l'odeur caractéristique d'hydrogène sulfuré et qu'elles éprouvent un commencement de décomposition. C'est pour les mêmes motifs que ces eaux, de limpides qu'elles étaient, deviennent opalines et *louchissent.*

Les eaux de cette classe sont, en général, très-thermales et leur richesse de minéralisation paraît être en raison de l'élévation de leur température. Il faut noter pourtant que leur degré de sulfuration a moins d'importance, au point de vue de leur activité thérapeutique, que leur degré de fixité. Ainsi les eaux facilement décomposables à l'air, celles que pour cette rapidité d'altération on nomme *eaux dégénérées*, ont une action assez faible.

Les eaux *sulfurées sodiques* sont de beaucoup les plus précieuses parmi les sulfureuses; ce sont elles qui représentent, sur notre sol, la plus importante de nos richesses hydrologiques. On les rencontre aux Pyrénées, répandues avec une incroyable profusion; on les retrouve encore, bien qu'en nombre infiniment moindre, dans les Alpes, à Challes, à Marlioz, à Bromines, dans le Dauphiné au Bachet, à Cardéac, et jusque dans le centre, à Saint-Honoré (Vienne).

Le nombre des sulfurées sodiques connues se chiffre par 53, et non-seulement la France en possède 38 pour son compte, mais encore toutes les plus renommées lui appartiennent. L'Allemagne ne possède en tout que deux sources sulfurées sodiques, Meinberg et Muigolstein, encore sont-elles fort pauvres.

Le second groupe des sulfureuses est celui des sulfureuses *accidentelles* ou *sulfurées-calciques*. On les a qualifiées d'accidentelles, parce que l'élément sulfureux ne préexiste pas dans ces eaux. Ce sont, à l'origine, des eaux sulfatées qui deviennent bien *accidentellement* sulfureuses, mais par suite de la réduction de leurs sulfates au contact des matières organiques du sol, d'ordinaire des tourbes en décomposition ou en putréfaction. Ces eaux renferment à leur émergence de l'acide sulfhydrique libre; elles sont sulfhydriquées, et, par suite, odorantes dès leur sortie du sol.

Froides en général, — sur 54 sources françaises il n'y en a que 7 qui soient chaudes, — on ne les voit jamais atteindre, lorsqu'elles sont thermales, aux températures élevées des eaux sulfurées sodiques. Elles sont plus chargées en sel que leurs congénères à base de soude; elles contiennent toujours du chlorure de sodium et presque toujours un peu d'acide carbonique.

Les sulfhydriquées n'existent aux Pyrénées qu'en nombre relativement peu considérable, si on les compare à la profusion des sulfurées sodiques que l'on trouve en cette région. Pourtant Bagnères-de-Bigorre, Cambo, Visoo, Viscas (Hautes-Pyrénées), Barbazan, Sabès (Haute-Garonne), Castera-Verduzan (Gers), sont des représentants qui sont loin d'être sans intérêt.

En revanche, nous les voyons disséminées sur tout le territoire, abondantes surtout au sud-est, le long des Alpes et dans le bassin du Rhône, à Allevard, à Échaillon (Isère), à Champoléon, Saint-Bonnet, Trescléoux (Hautes-Alpes), à Digne, Gréoulx (Basses-Alpes), à Brides, Chambéry, La Caille (Savoie), à Cauvalat, Euzet (Gard), à Camoins ou La Cambrette (Bouches-du-Rhône). Nous avons déjà signalé la source sulfureuse de Montmirail (Vaucluse).

Nous les retrouvons plus à l'est à Guillon (Doubs), à

Neuville (Haute-Saône), et tout au nord à Pierrefonds, à Enghien, à Mortefontaine (Oise) ; enfin elles sont représentées à Paris même par cinq sources : Batignolles, Belleville, les Ternes, pont d'Austerlitz, rue de Vendôme.

2. — EAUX SALINES.

Les eaux minérales dites salines doivent leurs vertus à la présence de sels divers qu'elles contiennent en dissolution plus ou moins étendue. Ces sels sont très-nombreux. Cependant, en ayant égard à ceux qui prédominent, on arrive aisément à répartir les eaux minérales en trois grandes classes que l'on peut désigner sous les noms suivants :

1° Eaux chlorurées ;

2° Eaux bicarbonatées ;

3° Eaux sulfatées.

Eaux chlorurées. — Les eaux chlorurées sont minéralisées avant tout par le chlorure de sodium ou sel commun qui s'y rencontre en proportion très-variable suivant les localités.

Au point de vue des applications médicales, on les subdivise en eaux chlorurées sodiques, *fortes*, *moyennes* et *faibles*, et chacune de ces sortes est propre au traitement d'affections spéciales.

Le groupe des eaux chlorurées sodiques fortes de France comprend à lui seul vingt-sept stations parmi lesquelles on peut citer : Salies de Béarn, Hamman-Mélonane, Salins (Jura), Salins (Savoie), Balaruc, Lamotte, Bourbonne-les-Bains. Les différentes sources qui composent ce groupe présentent, non pas seulement sous le rapport de la nature de leur minéralisation, mais surtout sous celui du poids total de leurs principes minéralisateurs, une variété très-grande. La somme de ceux-ci peut varier pour un litre de 255 grammes (Salies de Béarn) à 4 ou 5 grammes.

Les traitements par les chlorurées sodiques fortes a surtout recours aux applications externes; le bain et les agents balnéothérapiques en forment le fond et ils en sont même les représentants exclusifs auprès de certaines sources. Ces bains chlorurés sodiques sont par eux-mêmes excitants, mais avec cette remarque importante à noter, que leurs effets aboutissent toujours à une action tonique, lorsque l'administration des eaux est régulièrement conduite. Il faudra donc tenir grand compte dans leur administration de la température et de leur composition.

Le bain frais est beaucoup plus excitant et plus tonique que le bain chaud ou très-chaud, ce dernier ayant surtout une action sédative.

Mais, d'autre part, il ne faut pas oublier non plus que l'action des bains sur la peau paraît être dans un rapport à peu près régulier avec leur degré de minéralisation. Température, degré de minéralisation, voilà donc deux termes qu'il ne faut pas perdre de vue pour instituer un traitement thermal.

A l'intérieur, les eaux chlorurées fortes sont moins généralement employées que sous les modes externes. La présence de l'acide carbonique libre en grande abondance dans leur constitution chimique devient alors une excellente condition pour les administrer en boisson. En France, on en est venu à charger artificiellement certaines eaux trop pauvres en acide carbonique, et c'est là une pratique qu'il y aurait grand intérêt à étendre.

A l'intérieur, les eaux chlorurées fortes déterminent une action purgative, sans que toutefois cette action ait rien de bien constant ni de bien régulier. La même eau bue froide produit plus sûrement des effets laxatifs que si on la prend chaude.

Les eaux chlorurées sodiques moyennes se présentent en France, à Bourbon-l'Archambault, Chatelguyon, Prechacq, Saubuse, Tercis; ce sont elles qu'on cherche à Baden-Baden et à Seltz. Elles sont surtout appliquées à l'extérieur; le bain et les agents balnéothérapiques en forment le fond, et ils en sont même les représentants presque exclusifs auprès de certaines sources. Ces bains chlorurés sodiques sont par eux-mêmes excitants, mais avec cette remarque importante à noter, que leurs effets aboutissent toujours à une action tonique, lorsque l'administration des eaux est régulièrement conduite.

Les indications principales de ces eaux fortes sont avant tout la scrofule, le lymphatisme, l'anémie et la chlorose, lorsque celles-ci sont poussées fort loin, la débilité générale, enfin le rhumatisme chronique sous toutes les formes, lorsque la thermalité vient se joindre à la minéralisation élevée.

Les eaux chlorurées sodiques faibles existent à Luxeuil et à Bourbon-Lancy; les célèbres sources algériennes de Hamman-Maskoutine appartiennent à la même catégorie.

Les eaux dont il s'agit sont à peine minéralisées et cependant la médecine en tire un très-bon parti. Elles constituent une sorte d'hydrothérapie chaude peu tempérée, peu effective peut-être, mais salutaire à un grand nombre d'altérations de la santé. Elles empruntent même à leur propre constitution ou à leurs modes d'application des qualités absolument ou relativement sédatives, d'autant plus précieuses qu'elles conservent généralement quelques-unes des propriétés reconstituantes des eaux plus minéralisées, et ne deviennent débilitantes que si l'on en pousse à l'excès les modes d'administration. C'est auprès des eaux minérales de ce genre que l'on trouve à traiter les affections douloureuses, à modifier les constitutions névropathiques. Ce sont elles qui permettent d'appliquer la médication thermale à des individus à qui cette circonstance de la santé ou de la constitution ne laisserait pas tolérer une médication plus active.

Dans la grande classe des eaux chlorurées sodiques, il convient de forme un groupe à part des eaux dans la composition desquelles le bicarbonate de soude vient occuper une place prédominante à peu près au même titre que le chlorure de sodium. Ces eaux, que l'on connaît par exemple à Saint-Nectaire, à la Bourboule, à Vic-le-Comte, tous les trois dans le Puy-de-Dôme, forment en effet un groupe très-intéressant. Leur action thérapeutique se trouve participer à la fois de celle qui est propre aux chlorures et de celle qui appartient aux bicarbonates; par ces motifs; leurs propriétés et leurs applications se trouvent très-sensiblement étendues.

Dans les diverses sources de cet ordre, on voit presque toujours la prédominance quantitative rester au chlorure de sodium, d'où il suit que l'on peut dire, d'une façon générale, que les grandes indications thérapeutiques des eaux de ce groupe sont encore celles qui appartiennent plus spécialement aux chlorurées : le lymphatisme, la scrofule, le rachitisme, les rhumatismes, la chlorose, etc. Mais, à un autre point de vue, il faut reconnaître qu'elles conviennent mieux aux dérangements de l'appareil digestif, et qu'elles répondent mieux à quelques autres indications spéciales que celles où le chlorure de sodium domine exclusivement. De même, elles se prêtent peut-être davantage à l'usage interne, et quelques eaux faibles parmi elles, comme celle de la source allemande de Schwalheim, sont presque exclusivement employées sous cette forme.

Un dernier groupe reste à examiner pour en finir avec les eaux chlorurées sodiques; il comprend les sources qui, comme à Uriage (Isère) et à Saint-Gervais (Savoie), contiennent à la fois le chlorure de sodium et des sulfures. Les eaux de cette espèce, dont l'action thérapeutique participe à la fois des propriétés appartenant à chacun des deux principes minéralisateurs prédominants, chlorure de sodium et soufre, se trouvent avoir une spécialisation assez nettement établie et par cela même présentent un grand intérêt pour le thérapeutiste.

Maintenant, si l'on tient pour exacte cette opinion établie en hydrologie : que les applications spéciales des eaux sulfurées, exigeant impérieusement la présence du soufre, sont la diathèse herpétique et les catarrhes de l'appareil respiratoire; que les applications *communes* de ces mêmes eaux sont le lymphatisme, le rhumatisme, la chlorose et la scrofule; et enfin que les applications *secondaires* de ces sulfures, qui réussissent sans que le soufre y joue un rôle spécial, sont la métrite chronique, le catarrhe des voies urinaires et les maladies chirurgicales, on peut presque se rendre compte d'emblée des importantes applications thérapeutiques qui ressortissent plus spécialement à l'action d'eaux à la fois chlorurées sodiques et sulfurées.

Eaux bicarbonatées. — Encore nommées *Eaux*

acidules, *eaux acidules alcalines*, les *eaux bicarbonatées* tirent leur principal caractère, au point de vue de leur composition chimique, de la présence du gaz acide carbonique qu'elles contiennent, combiné ou libre, et même parfois en quantité extrêmement considérable.

Un autre point à noter, au sujet de ces eaux, est la facilité avec laquelle elles abandonnent ce même acide carbonique libre dès qu'elles restent exposées au contact de l'air. Elles sont donc facilement altérables. Il en résulte que quelques-unes d'entre elles, principalement celles qui sont minéralisées par des sels à base de chaux et de magnésie, laissent précipiter, par suite de ce dégagement gazeux, des masses compactes et cristallines qui ont fait donner aux sources qui présentent cette propriété le nom d'*eaux incrustantes* (Saint-Nectaire, Saint-Allyre, en Auvergne). Pour les sources bicarbonatées et très-ferrugineuses, le dépôt formé est fortement teinté en rouge par l'oxyde de fer.

D'ordinaire limpides, inodores et incolores, car quelques eaux se troublent très-vite à l'air et *louchissent*, ces eaux frappent d'abord par leur saveur aigrelette, déterminée par l'acide carbonique, mais qui ne tarde pas à devenir terreuse et alcaline.

La présence de l'acide carbonique constituant la caractéristique de détermination de cette classe, on a formé les sous-classes d'après les autres principes dominants qui se trouvent unis à cet acide. Ces principes sont avant tout la soude, la chaux et la magnésie auxquelles on peut joindre, mais sur un plan très-secondaire, les bicarbonates de potasse, de strontiane, de fer et de manganèse. En conséquence, on a admis trois divisions ou sous-classes d'eaux bicarbonatées :

1° A base de soude, *bicarbonatées sodiques* ;

2° A bases terreuses, *bicarbonatées calciques* ;

3° A bases sans prédominance accentuée, *bicarbonatées mixtes.*

Une dernière remarque générale à noter concerne la température native des eaux bicarbonatées ; un très-grand nombre d'entre elles sont froides, beaucoup sont tempérées, enfin la classe des bicarbonatées franchement thermales est la moins considérable des trois.

Les eaux bicarbonatées sodiques se rencontrent en Auvergne, dans les Pyrénées, les Alpes, etc. Les principales localités où les malades les consomment sont Vichy, Vals, Le Boulou qu'on a surnommé le Vichy des Pyrénées, Velleron, Soultzmalt, Châteauneuf, Vic-sur-Cère, Chaudes-Aigues, Saint-Laurent.

Outre la soude, qui y domine, il est commun, nous l'avons dit, de rencontrer encore, mais en quantité bien moindre, de la potasse, de la chaux, de la magnésie, de la strontiane, du fer et de l'arsenic dans les eaux bicarbonatées sodiques. D'une façon générale, on est presque en droit d'avancer même que toutes les eaux de cette classe renferment du fer et de l'arsenic, du moins dans une proportion quelconque. Quelques-unes sont extrêmement ferrugineuses. Il n'en est pas de même de l'iode, qui ne s'y trouve que rarement et toujours à très-faible dose.

Il serait fort difficile de définir les manifestations physiologiques déterminées par les eaux bicarbonatées sodiques, tant elles sont peu caractérisées; on pourrait presque les dire nulles. Lorsque le traitement est bien conduit, on ne trouve, en effet, aucun phénomène appréciable à noter. Tout au plus signale-t-on parfois, par suite de dispositions tout individuelles, quelques modifications physiologiques de l'intestin et de l'appareil urinaire.

La *spécialisation* des eaux bicarbonatées sodiques s'adresse : aux maladies du foie, à la goutte, à la gravelle urique, aux engorgements des viscères abdominaux.

Leurs applications *communes* concernent : la dyspepsie, le diabète, le catarrhe des voies urinaires.

Leurs applications *accidentelles* : le rhumatisme, la métrite chronique, les maladies de la peau.

Les eaux bicarbonatées calciques comme celles de Pougues, Foncaude, Ussat, Aix (Bouches-du-Rhône), Alet, Foncirque, Bondonneau, Saint-Galmier, Condillac, Chateldon, n'ont pour la plupart qu'une action médicinale modérément tranchée. Elles appartiennent aux terrains secondaires et tertiaires. Beaucoup sont froides ou simplement tempérées; elles n'atteignent jamais une haute thermalité. Parfois sursaturées d'acide carbonique, elles l'abandonnent promptement à l'air pour laisser déposer du carbonate neutre de chaux en concrétions épaisses. Les phénomènes déterminés par ces eaux sont trop peu caractérisés pour qu'il soit aisé d'exposer leur action physiologique; d'autre part, l'examen de leur composition chimique ne permet guère de leur découvrir une spécialisation thérapeutique dominante.

Stimulantes et digestives, lorsqu'elles sont prises à l'intérieur, elles trouvent une partie de leurs indications dans les troubles de la digestion ; sédatives par leurs bases calciques, on les emploie contre certaines affections catarrhales ou certains engorgements des appareils urinaires chez les deux sexes.

Il est pourtant quelques-unes de ces sources, et nous les signalerons, qui paraissent avoir des propriétés thérapeutiques plus formelles.

Sous le nom de *bicarbonatées mixtes*, on réunit des eaux plus importantes que celles du groupe précédent. Les établissements du Mont-Dore, d'Évian, de Néris, de Royat, appartiennent à cette catégorie qui comprend aussi les sources moins célèbres de Renaison, Couzan, Sail-les-Bains, Saint-Alban, Celles, Forges-sur-Briis. Cependant, sous le double rapport des conditions chimiques et de la situation géographique, les analogies sont assez grandes entre les bicarbonatées mixtes et les bicarbonatées calciques : minéralisation faible et peu effective, action physiologique peu accusée, applications à la thérapeutique obtenues en mettant largement en usage les procédés balnéothérapiques, bien plus que par une véritable spécialisation d'action, c'est bien le même ensemble de faits.

On a vu la classe des bicarbonatées calciques abandonner un contingent assez élevé au groupe d'eaux froides gazeuses et digestives, que l'on appelle eaux de table. Le même fait se reproduit pour les bicarbonatées mixtes, dont Couzan, Saint-Alban et Renaison ne sont pas les représentants les moins intéressants.

Un grand nombre d'eaux bicarbonatées mixtes sont froides. Comme pour les bicarbonatées calciques, celles qui sont thermales n'ont pas d'ordinaire une température élevée. Cependant le Mont-Dore (50°), Royat (35°) présentent une élévation de caloricité à laquelle n'atteint aucune des sources bicarbonatées calciques.

Eaux sulfatées. — Comme les eaux des autres groupes, les sulfatées ont été divisées en sous-classes d'après la prédominance de leurs bases. On a ainsi formé quatre classes :

1° *Sulfatées sodiques.* — Elles sont assez peu nombreuses chez nous et modérément intéressantes, à l'exception de Plombières et de Miers, qui présentent les qualités laxatives habituelles aux eaux sulfatées sodiques, toutes les fois qu'il y a une certaine abondance de sels.

2° *Sulfatées calciques.* — Ce groupe, qui est plus intéressant sous le rapport médical, est très-bien représenté en France : Aulus, Capvéry, Cransac, Encausse, Contrexéville, Vitel, Martigny, en font partie. A l'encontre des autres classes, le degré de minéralisation de ces eaux paraît d'autant plus élevé que leur température est plus basse. Elles reçoivent les deux usages, externe et interne. Lorsqu'elles sont peu minéralisées, le principal effet de leur emploi externe paraît être la sédation : on les utilise alors dans les différentes affections qui se compliquent d'état nerveux : maladies des femmes, névralgies, névroses, catarrhes urinaires, dyspepsie, gastralgie, etc. Chaudes et mises en œuvre par les procédés hydrothérapiques, elles rendent de grands services dans le rhumatisme nerveux. Enfin, beaucoup d'eaux de ce groupe présentent des qualités ferrugineuses, ce qui est une considération à noter pour leur usage interne.

Quelques autres sources de la même classe font plutôt sentir leur action sur les voies respiratoires, mais ces eaux sont peu nombreuses et on ne cite guère que Brides (Savoie) et Weissembourg (Suisse), encore la source de Brides est-elle rangée parmi les sulfatées mixtes ;

3o *Sulfatées mixtes.* — Elles sont formées principalement par les sulfates de soude et de chaux. Il y a entre ces eaux et celles des eaux de la classe qui précède une très-grande analogie. Les sulfatées mixtes sont, d'ailleurs, très-peu nombreuses chez nous.

17

4° *Sulfatées magnésiques*. — Elles ne tiennent qu'une faible place dans la thérapeutique normale. Lorsque leur minéralisation est peu élevée, elles sont recherchées pour leurs effets laxatifs : c'est ce qui a lieu en France, par exemple, pour l'eau de Montmirail, et en Bohême, pour les eaux sulfatées magnésiques de Sedlitz, ou sulfatées mixtes de Pullna, Saidschutz, et de Friedrichshall.

Une dernière remarque à signaler au sujet de la constitution chimique des eaux sulfatées concerne les gaz contenus. Il est commun de trouver dans ces eaux de l'acide carbonique, il n'est pas rare non plus d'y voir des traces plus ou moins abondantes d'hydrogène sulfuré. Celui-ci y est toujours de formation secondaire ; il prend naissance par la décomposition des sulfates des eaux au contact des matières organiques.

3. — EAUX FERRUGINEUSES.

On a formé une classe à part des eaux minéralisées par le fer. Mais il n'y faut faire entrer que celles dans lesquelles cet argent thérapeutique prend indubitablement le rôle prédominant. En effet, ce métal se trouve répandu avec une telle profusion dans le sol qu'il n'est guère d'eau qui n'en présente au moins des traces. Au fond, les eaux médicinales ferrugineuses ne sont que des carbonatées sodiques. calciques ou mixtes, si faiblement minéralisées qu'elles sont absolument indifférentes, à part le principe martial.

Les eaux ferrugineuses sont froides, plus ou moins chargées d'acide carbonique, à l'exception des sulfatées-ferrugineuses qui ne présentent pas ce dernier gaz.

Le composé ferreux qui minéralise le plus grand nombre des eaux de cette classe est le bicarbonate de protoxyde de fer; quelques autres, moins nombreuses, offrent du sulfate de fer et du crénate du même métal. Les acides crénique et apocrénique sont, on le sait, des dérivés de la décomposition des substances végétales. Quelques autres eaux présentent le fer combiné à l'arsenic : arsénite et arséniate de fer.

Certaines eaux, enfin, offrent le manganèse à côté du fer. On en a fait une division à part sous le nom d'eaux manganésiennes. Ces dernières sont d'ailleurs peu nombreuses et nous nous bornerons à citer en France : Luxeuil, Cransac et le Crol.

On peut donc admettre quatre sous-classes d'eaux ferrugineuses : 1° *eaux bicarbonatées*, les plus nombreuses et les plus intéressantes; 2° *eaux crénatées*, peu nombreuses; 3° *eaux sulfatées*; 4° *eaux manganésiennes*.

Le nombre des sources ferrugineuses est immense; le *Dictionnaire général des eaux minérales* en mentionne 407 comme dignes d'être exploitées, se répartissant ainsi d'après leur nature : bicarbonatées, 369; sulfatées,

36 ; manganésiennes, 2. Mais il est bien d'autres sources encore, dont on a négligé de s'occuper jusqu'ici. Il n'est pas de département qui n'en possède plusieurs. Au goût, ces eaux déterminent une saveur styptique qui rappelle celle de l'encre. Mélangées au vin, elles lui communiquent une couleur noire due à la formation d'un tannate de fer. Si l'acide carbonique est abondant dans l'eau minérale, le goût propre de l'eau n'est perçu que quelques instants après la déglutition du liquide.

On n'emploie guère les eaux minérales ferrugineuses transportées qu'en boisson. Aux sources, c'est encore ce même usage qui domine. Auprès de quelques stations, on fait pourtant un assez grand usage des bains ; cette pratique n'offre pas d'avantages bien accusés ; il est douteux que la qualité ferrugineuse des eaux ajoute quelque chose à leur action sur la peau. C'est le côté hydrothérapique et les pratiques puissantes de cette branche de l'art de guérir qu'il faut rechercher avec plus de soin qu'on ne le fait en général. Il faut viser à la médication tonique et reconstituante, dont la boisson ferrugineuse n'est qu'une des conditions.

A l'intérieur, les eaux ferrugineuses, surtout lorsqu'elles sont chargées d'acide carbonique, excitent l'appétit, stimulent l'appareil digestif, rendent la digestion plus facile, l'assimilation plus sûre, en même temps qu'elles abandonnent à l'absorption une quantité de fer qui, pour être petite, n'en est pas moins très-importante, car elle est plus facilement absorbable que le fer des préparations ordinaires de la pharmacie.

BIBLIOGRAPHIE.

MACPHERSON : *Stations de bains de l'Europe.* — MACPHERSON : *Eaux minérales de la Grande-Bretagne.* — LEE : *Stations de bains de l'Angleterre.* — LEE : *Stations de bains de l'Allemagne.* — WATT : *Dictionnaire de chimie.* — BARRAULT : *Parallèle des eaux minérales de France et d'Allemagne.* — DURAND-FARDEL : *Dictionnaire des eaux minérales.* — *Bulletin de la Société d'hydrologie.* — GERMOND DE LAVIGNE : *La législation des eaux minérales de France.* — MARCHAND : *Des eaux potables en général.* — DE PIETRA SANTA : *Eaux minérales et climatologie.* — LE MÊME : *Journal d'hygiène.*

CHAPITRE XVI

MÉDECINES MINÉRALES

Les préparations minérales employées en médecine quoique peu nombreuses en comparaison de celles que l'écorce terrestre fournit aux autres arts, ont cependant au point de vue commercial une très-grande importance. Comme ces préparations dérivent de terres et de métaux décrits dans un autre chapitre, il serait superflu de donner ici plus qu'une simple énumération des matières minérales utiles en médecine. La voici :

Alun. Soit en solution aqueuse, soit en poudre. On s'en sert à l'intérieur comme astringent et comme purgatif, et à l'extérieur comme vésicant.

Ammoniaque. Tantôt à l'état de liberté, tantôt de sels (carbonate, bicarbonate, chlorhydrate, bromhydrate, acétate, phosphate etc.). A l'intérieur comme stimulant, diaphorétique, diurétique, antispasmodique, etc; à l'extérieur dans des liniments comme substance rubéfiante.

Antimoine. Surtout à l'état de sulfure, de tartrate, d'oxyde et de chlorure. On l'emploie comme diaphorétique et expectorant, et on l'applique dans des onguents en qualité de calmant.

Arsenic. Entre dans un grand nombre de préparations telles que l'arsénite de potasse, l'arsénite de soude, l'arsénite de fer, la solution de l'arsenic dans l'acide chlorhydrique et l'iodhydrate double d'arsenic et de mercure. A petites doses, on l'administre comme tonique dans les maladies de la peau et des nerfs. A l'extérieur, on en fait des lotions contre les dermatoses. L'acide arsénieux, appelé vulgairement arsenic, est un poison irritant très-puissant.

Baryum. Le chlorure de baryum en solution aqueuse est un poison violent qui produit de bons effets dans les maladies des glandes.

Bismuth. Le carbonate, le sous-nitrate et le citrate sont les sels les plus employés. Soit en solution, soit à l'état de poudre, ils ont à l'intérieur et à l'extérieur des propriétés sédatives. Le blanc de perle, si employé en parfumerie, n'est autre chose que le sous-nitrate de bismuth.

Brôme. A l'état de liberté c'est un irritant et un caustique énergique. Les brômures de potassium et d'ammonium sont maintenant souvent employés contre les affections nerveuses.

Cadmium. L'iodure et le sulfate entrent dans des lotions efficaces contre certaines maladies cutanées.

Cérium. Divers sels comme l'oxalate et le nitrate, et l'oxyde lui-même, sont des sédatifs parfois employés.

Chlore. C'est un irritant et un stimulant qu'on administre soit en solution aqueuse, soit à l'état gazeux, et alors par inhalations.

Cuivre. Le *vitriol bleu* ou sulfate de cuivre jouit de propriétés astringentes. Le *vert-de-gris* ou sous-acétate agit en poudre comme caustique. D'après le docteur Burq, le cuivre est un anticholérique très-efficace.

Or. Le chlorure double d'or et de sodium est quelquefois employé, et remplit le même rôle que le mercure libre. Les feuilles d'or entrent dans le traitement de la variole; les dentistes en font un fréquent usage.

Iode. Dans les affections des bronches et des poumons, ses vapeurs sont utiles. A l'extérieur, il entre dans la constitution de liniments, lotions, teintures, dans les cas de scrofule, tumeurs, engorgements, de glandes, etc. Il est tantôt libre, tantôt engagé dans diverses combinaisons.

Fer. Le carbonate, le sulfate, l'arséniate, le phosphate, le perchlorure, le peroxyde, le nitrate, le tartrate, etc., même le fer libre, réduit par l'hydrogène, sont employés à chaque instant en médecine. On en fait des solutions, des sirops, des pilules, des pâtes, qui agissent comme astringents toniques et correcteurs du sang.

Plomb. On l'emploie sous forme d'oxyde, d'iodure, d'acétate, de carbonate et de nitrate. C'est un corps sédatif et astringent appliqué le plus souvent à l'extérieur en lotions, onguents, emplâtres, etc.

Chaux. La chaux vive, le chlorure de chaux et le phosphate sont surtout mis en usage. Ce sont des antiacides, des astringents et des antiscorbutiques. A l'extérieur, la chaux agit efficacement dans le traitement des dents cariées et des brûlures. Le chlorure est employé sur la plus large échelle comme désinfectant.

Lithine. Cette terre, à l'état de carbonate ou de nitrate, a des propriétés antiacides et diurétiques.

Magnésie. Beaucoup de sels de cette base sont consommés pour les usages médicaux, le carbonate, le sulfate et le citrate surtout. Ils sont purgatifs, apéritifs et antiacides.

Manganèse. Dans les cas d'anémie, on a proposé, comme purgatif, le sulfate et le carbonate de manganèse. Les permanganates de potasse et de soude sont largement employés comme désinfectants.

Mercure. On en a longtemps fait usage en médecine soit à l'état de liberté, soit plus souvent sous forme de sous-chlorure (calomel), de perchlorure (sublimé corrosif), d'iodure de mercure, de sulfite, de nitrate, etc. On l'a administré de la manière la plus variée à l'intérieur et à l'extérieur, en poudre, en pilules, en emplâtres, en onguents, en liniments; et on lui a attribué les propriétés les plus diverses. Aujourd'hui, cette vogue est bien tombée; des médicaments d'origine organique l'ont même dépouillé du traitement des affections siphylitiques, et on n'emploie plus guère le sublimé corrosif que comme antiseptique.

Pétrole. A l'intérieur c'est un stimulant, un diaphorétique et un expectorant; à l'extérieur, il produit de bons effets dans les maladies de la peau et dans le rhumathisme. Le *phénol* est un désinfectant.

Phosphore. Quelquefois donné à l'état d'acide phosphorique comme astringent, et dans le traitement des tumeurs osseuses et des affections scrofuleuses.

Potasse. A l'état caustique, et sous forme de carbonate, de bicarbonate, d'acétate, de citrate, de tartrate, de sulfate, de nitrate, de permanganate, de brômure, d'iodure. Cet alcali, administré en solution, en pilules, en pâtes, en lotions, en onguents, détermine des effets sédatifs, fébrifuges, réfrigérants, diurétiques et autres. Nous avons déjà dit que le permanganate est employé comme désinfectant.

Argent. Surtout à l'état de nitrate et d'oxyde. L'usage interne y trouve un agent astringent et tonique; à l'extérieur, c'est un irritant; à l'état solide, le nitrate constitue la pierre à cautère dont les propriétés caustiques sont bien connues.

Soude. On l'emploie à l'état de carbonate, bicarbonate, sulfate, sulfite, biborate, tartrate, citro-tartrate, chlorate et chlorure. Les propriétés médicales de ces sels sont apéritives, purgatives, diurétiques et antiacides.

Soufre. Il entre dans des onguents à l'état de fleur de soufre ou de soufre précipité. A l'intérieur, il est stimulant et laxatif ; à l'extérieur, il est stimulant et joue un grand rôle dans le traitement des maladies parasitaires. On administre aussi sa vapeur en inhalations, ainsi que les dissolutions étendues de l'acide sulfurique et de l'acide sulfureux.

Zinc. On emploie surtout l'oxyde, le chlorure, le sulfate, le carbonate, l'acétate et le valérianate de zinc. A l'intérieur, il manifeste des propriétés toniques astringentes et émétiques ; à l'extérieur, il est astringent et caustique. Le chlorure de zinc est souvent utilisé comme désinfectant.

BIBLIOGRAPHIE.

NELIGAN : *Matière médicale*. — ROYLE : *Manuel de matière médicale et de thérapeutique*. — GIRARD : *Matière médicale et thérapeutique*. — *Codex médicamentarius*. — *Pharmacopée française*. — GUIBOURT : *Commentaire du Codex*. — GUIBOURT : *Histoire naturelle des drogues simples*.

CHAPITRE XVII

GEMMES ET PIERRES PRÉCIEUSES

Les gemmes et les pierres précieuses ont toujours été pour l'homme (qu'il soit sauvage ou civilisé) des objets du plus grand intérêt et de la plus puissante attraction. Leur étincellement et le jeu de leurs couleurs, leur beauté inaltérable en ont toujours fait l'ornement ambitionné par le troglodyte dans sa caverne comme par le prince dans son palais. Ces substances merveilleuses se présentent en général en nids, en veinules ou géodes dans les roches cristallisées ; on peut aussi les recueillir à l'état dégagé dans le sable provenant de la désagrégation de ces mêmes roches. C'est même dans ce dernier gisement que se trouvent au Brésil, en Australie, dans l'Inde, au cap de Bonne-Espérance, les plus précieuses des gemmes et le diamant en particulier.

Nous n'en finirions pas si nous voulions énumérer les formes sous lesquélles on les taille et les noms que le commerce attribue à leurs innombrables variétés. Bornons-nous à décrire les principales, rangées d'après les traits les mieux accusés de leur composition intime.

1. — GROUPE DU CHARBON.

Diamant. — Cette espèce, la plus parfaite des gemmes, est la seule pierre qui soit composée d'une sub-

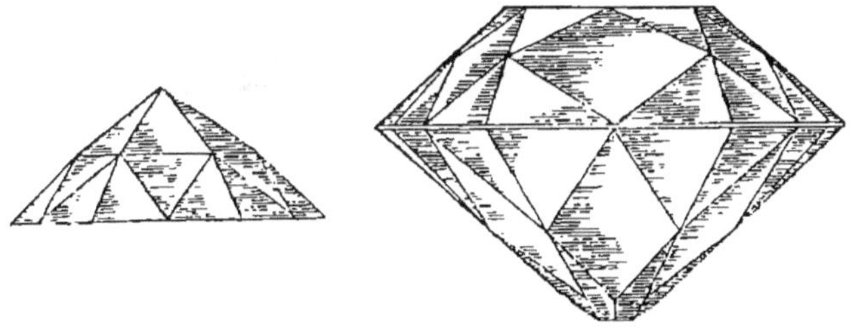

FIG. 64. — Diamant en rose.   FIG. 65. — Diamant en brillant.

stance simple ; cette substance est le carbone pur. Le diamant raye tous les minéraux et n'est rayé par aucun. Infusible et à peu près inattaquable au chalumeau, il brûle dans un courant d'oxygène, en se tranformant en acide carbonique.

Clivé et taillé ou poli, il jouit d'un éclat très-vif et en même temps gras, dit *adamantin*. Il réfracte très-fortement la lumière. Limpide le plus souvent, il est susceptible de prendre accidentellement des teintes vert d'eau, rose, jaune et même noire, très-rarement bleue. Il est presque constamment en cristaux isolés, à face légèrement bombée, dérivant d'un oc-

FIG. 66. — Le grand Mogol.   FIG. 67. — Le Sancy.

taèdre régulier. Ces cristaux se trouvent adventive-ment dans les alluvions anciennes et jamais dans les gisements charbonneux.

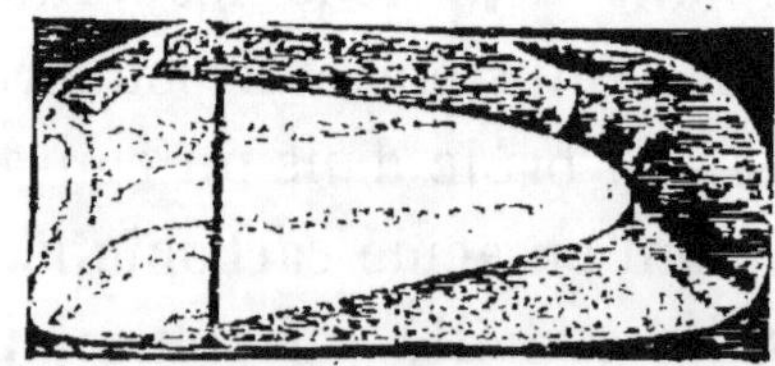

FIG. 68. — L'Etoile polaire.   FIG. 69. — Le Shah.

C'est du Brésil, de l'Inde et du Cap de Bonne-Espérance que viennent les plus beaux diamants.

Jusqu'à ces derniers temps, on ne connaissait la précieuse pierre qu'à l'état cristallisé; récemment on

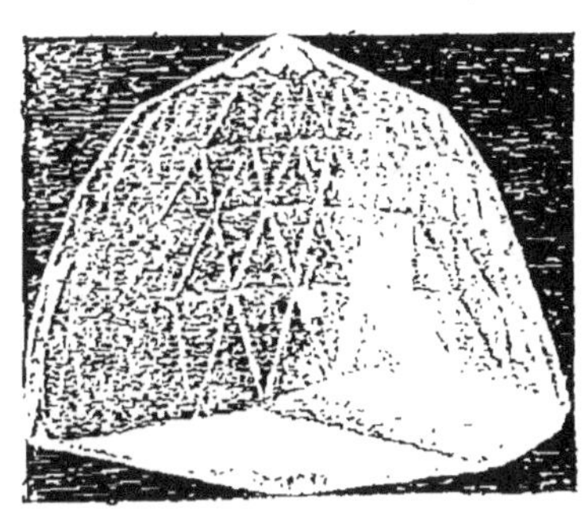

FIG. 70. — L'Orlow.

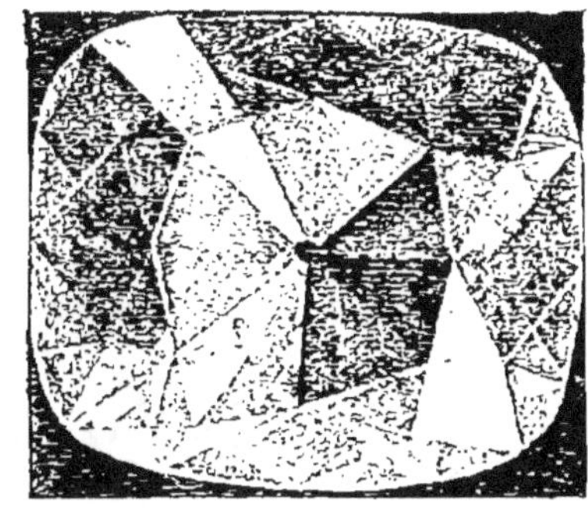

FIG. 71. — L'étoile du Sud.

l'a rencontrée en petites masses arrondies, à texture compacte, grises ou brunes, mais jouissant, du reste, de toutes les propriétés physiques des cristaux.

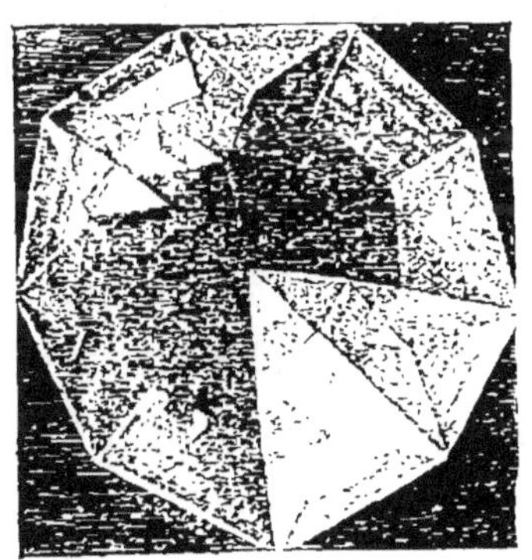

FIG. 72. — Le grand duc de Toscane.

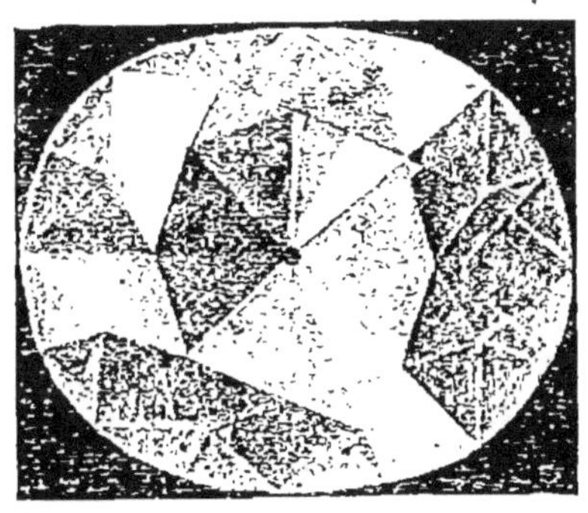

FIG. 73. — Le Kohenoor nouveau.

Ambre. — C'est une résine d'un jaune clair ou varié par des teintes de rougeâtre et d'orangé, translucide ou transparente, de densité à peu près égale à celle de l'eau. Un acide particulier, volatile, odorant, l'*acide succinique* constitue la partie principale de sa substance. Au contact de l'air, elle fond à 287°, puis s'en-

FIG. 74. — Le Régent.

flamme et brûle avec une odeur agréable. C'est dans l'ambre, que les anciens appelaient *electrum*, que l'on a découvert pour la première fois le fluide électrique.

L'ambre découlait de certains arbres de l'époque tertiaire, aussi le trouve-t-on habituellement en morceaux arrondis dans les lignites (Saint-Lon, Landes; Saint-Paulet, Gard). La plus grande partie de celui qu'on utilise dans les arts nous arrive des environs de Kœnigsberg (fig. 75). On le pêche sur les bords de la Baltique, mais il provient évidemment des couches lignitifères qui existent dans le sol de la contrée au-dessous du niveau de la mer. On rencontre dans certains morceaux des insectes englobés qui annoncent par leur présence même, l'origine organique de cette résine.

Jayet. — Le lignite très-compacte et d'un beau noir forme une variété qui porte le nom de *jayet*

FIG. 75. — Exploitation de l'ambre près Kœnigsberg.

ou de *jais*; on en fait des bijoux tels que colliers, bracelets, épingles. Ces objets d'ornement entrent souvent dans les parures de deuil.

2. — GROUPE DE L'ALUMINE.

Rubis, Saphir, etc. — Toutes les pierres précieuses dites *orientales* consistent en alumine pure vivement colorée et se rangent pour le minéralogiste dans l'espèce unique du *corindon*. La forme la plus habituelle est un dodécaèdre bi-pyramidal (di-hexaèdre),

18

plus ou moins aigu. — Ces cristaux précieux se trouvent, comme le diamant, dans les terrains d'alluvions formés aux dépens des roches anciennes. Ils sont presque toujours arrondis sur leurs arêtes (Pégu à Ceylan, ruisseau d'Expailly, près le Puy en Velay).

Le rubis spinelle diffère des pierres précédentes, étant constitué par l'aluminate de magnésie. Il comprend plusieurs sortes ou variétés, distinctes par la couleur, le gisement et par de légères différences de composition.

FIG. 76. — Turquoise en cabochon.

Ces variétés sont presque toujours cristallisées en octaèdres simples ou hémitropes. On leur a donné les noms suivants : spinelle (rose), candite et pléonaste (noires), ceylanite (verte), rubis balai (rouge vinaigre). La plus remarquable et la plus usitée en joaillerie est le rubis spinelle. Elle se rencontre, comme les diamants, les rubis, etc, dans les alluvions anciennes.

Turquoise. — C'est un minéral d'un bleu céleste caractéristique dû à une petite proportion de cuivre.

On le trouve en Perse, sous forme de petits rognons, dans les veines d'argile ferrugineuse au milieu d'un schiste.

Très-estimée en joaillerie, la turquoise se taille en

cabochon (fig. 76), c'est-à-dire courbe en dessus, plane en dessous. Entourée de diamants ou de perles, elle fait un ornement charmant. Sous le nom de *turquoise de nouvelle roche,* on emploie des matières de même couleur qui ne sont autre chose que des fragments de dents de mastodontes, naturellement colorées par du phosphate de fer.

3. — GROUPE DE L'ALUMINE SILICATÉE.

Topaze. — La topaze se présente toujours en cristaux prismatiques, nets et faciles à reconnaître, quoique plus ou moins modifiés aux sommets. Sa substance est du plus fluosilicate d'alumine, différente par conséquent de celle de la topaze orientale, qui est de l'alumine pure. Sa couleur la plus ordinaire est le jaune; cependant, il y a des topazes d'un bleu céleste clair, et d'autres qui sont incolores et limpides. Les cristaux offrent un aspect différent, suivant qu'ils proviennent de Saxe, de Sibérie ou du Brésil; de là trois variétés. Les topazes de Saxe, jaune paille, sont en général terminées par une petite base et entourées de facettes obliques. Celles du Brésil, incolores ou bleuâtres, se terminent souvent en biseaux. Celles du Brésil, jaune orange ou jaune de vin, sont en prismes allongés pyramidés.

Émeraude et Béryl. — C'est un silicate d'alumine

et de glucine. Sa couleur habituelle est le vert; il y en a cependant de presque incolores, et dans l'île d'Elbe, on en trouve avec des teintes rosées.

L'émeraude peut être divisée, eu égard à la couleur, en deux variétés principales, l'émeraude proprement dite qui est d'un beau vert, et le béryl qui offre des teintes verdâtres plus ou moins claires. On appelle aigue-marine les cristaux dont la couleur est intermédiaire entre le vert clair et le bleu. Ces variétés se présentent habituellement en cristaux prismatiques simples.

Le béryl se trouve principalement dans la pegmatite ou dans le granite à gros éléments où il forme quelquefois, comme dans le Limousin, des prismes d'un volume très-considérable, mais d'un aspect lithoïde. Les plus belles aigues-marines viennent de la province de Minas-Geraes, au Brésil.

Beaucoup plus rare et beaucoup plus estimée que le béryl, l'émeraude d'un beau vert se trouve surtout près de Bogota, dans un calcaire noir secondaire. On en a exploité jadis aussi de la Haute-Égypte, d'un schiste micacé. Telle est la provenance de l'émeraude qui orne la tiare du pape, et qui a la forme d'un cylindre court arrondi à l'une des extrémités, de 27 milimètres de longueur sur 34 de diamètre.

Lapis-lazuli. —Le lapis-lazuli, appelé aussi *outremer*, est remarquable surtout par la belle couleur bleue qu'on en retire pour la peinture. Sa texture est finement grenue ou compacte. Sa substance est un silicate d'alumine et de soude, avec 3 p. 100 de soufre, et il paraît que c'est à la présence de ce dernier corps qu'il faut attribuer la couleur exceptionnelle de la pierre.

Le lapis-lazuli est fort recherché comme pierre d'ornement. Il nous vient de Perse et de Sibérie.

Feldspath. — Le nom de feldspath comprend toute une famille de minéraux dont la composition générale peut être exprimée, en disant qu'ils consistent en silicates doubles d'alumine et d'alcalis. Parmi eux, plusieurs peuvent compter parmi les pierres précieuses. Nous citerons le labrador chatoyant, la pierre de lune, la pierre des Amazones, etc.

Grenats. — Les grenats, presque toujours cristallisés en dodécaèdres rhomboïdaux ou en trapézoèdres, offrent des couleurs diverses qui correspondent à des variations dans la nature et dans la quantité des bases qui entrent dans leur composition. Leur substance est composée de deux silicates, l'un à base de sesquioxyde, l'autre de protoxyde.

Il y a des grenats incolores, notamment au pic d'Ereslidy, près Baréges, et dans l'Oural; mais la plupart sont colorés. Les principales sortes sont le *grossulaire* (vert), l'*almandin* (rouge), le *mélanite* (noir).

Les variétés recherchées en joaillerie sont le *syrien*, d'un beau rouge violacé, le *vermeil*, d'un éclat vif et d'une couleur orangé clair, et le *pyrope*, d'un rouge vif.

Zircon. — Sa substance est du silicate de zircone.

Il jouit à un haut degré de la double réfraction, et d'un éclat vif et gras. Sa couleur est tantôt le rouge brunâtre, comme dans l'hyacinthe qni est la variété la plus estimée, quoique comme pierre secondaire, et tantôt jaune brunâtre et grisâtre, comme dans le *zircon* proprement dit. Le jargon, sorte incolore, a beaucoup de rapport avec le diamant et est quelquefois donné pour tel. La forme primitive du zircon est le prisme carré.

4. — GROUPE DE LA SILICE.

Ce groupe ne contient réellement que le quartz, mais il faut y distinguer le quartz hyalin, l'agate, représentée par la calcédoine, l'opale, qui sont liés entre eux par une substance commune, la silice, par l'infusibilité et par des densités et des duretés très-voisines. La première variété est la seule qui offre des formes régulières, les autres ont une grande tendance à se concrétionner.

Cristal de roche. — C'est le quartz hyalin dont la substance est la silice chimiquement pure, et qui est parfaitement incolore. Il se trouve ordinairement dans des géodes de quartz commun, c'est-à-dire dans du quartz dont la transparence a été altérée par la précipitation de matières étrangères.

Si le quartz hyalin prend diverses teintes, souvent très-agréables, sans perdre sa transparence, il fournit à la joaillerie des pierres de peu de prix, mais d'assez d'effet, telle est l'améthyste, qui est d'une couleur violette.

Le quartz hématoïde ou hyacinthe de Compostelle est rouge par un mélange de fer, et ses cristaux consistent en prismes bipyramidés de petites dimensions.

FIG. 77. — Agate polie.

L'*œil de chat* n'est autre chose qu'un quartz hyalin devenu chatoyant par l'incorporation de filaments très-fins d'amiante.

Agate-calcédoine. — C'est une variété d'agate, incolore ou à peu près, d'une pâte fine et translucide (fig. 77).

Opale. — L'opale proprement dite est un quartz résinite dont la pâte est très-fine et presque incolore. Celle qui laisse sortir de son intérieur des lueurs richement colorées est très-recherchée et fort estimée en joaillerie. Elle se trouve principalement en Hongrie où elle forme des veines dans des tufs trachitiques.

Jaspe. — L'agate et le silex, en se mélangeant d'une manière intime avec des matières fines argilo-ferrugineuses, peuvent devenir opaques et prendre des couleurs variées plus ou moins agréables. Dans cet état, ils constituent le jaspe qui est employé comme pierre d'ornement. Les plus beaux jaspes viennent d'Italie.

5. — SUBSTANCES DIVERSES.

Pour terminer ce sujet, nous mentionnerons quelques substances qui ne se rangent pas dans les groupes précédents, et qui cependant sont quelquefois employées en joaillerie et dans les arts d'ornement. L'une des mieux connues est la *malachite* ou carbonate vert de cuivre qui se montre dans diverses mines de cuivre en masses mamelonnées et zonaires. Une fois polie, cette substance est d'un effet des plus agréables et les objets qui en sont fabriqués peuvent acquérir une très-grande valeur. Les principales localités d'où on la tire sont la Sibérie, les monts Ourals et Burra-Burra, en Australie. Les mines de Chessy, en France, en ont fourni longtemps, mais elles sont maintenant tout à fait épuisées.

Notre chapitre V mentionne d'autres substances

ornementales, quoique non considérées comme pierres précieuses.

6. — IMITATION ARTIFICIELLE DES PIERRES PRÉCIEUSES.

Il y a bien longtemps déjà que l'art a pris naissance d'imiter les pierres précieuses par des compositions artificielles, et l'on est arrivé dans ces derniers temps à des résultats merveilleux.

La base de ces imitations est un verre dense connu sous le nom de *strass* que l'on colore avec des substances diverses. On arrive, à l'aide d'une taille convenablement conduite, à reproduire les principaux effets de lumière des pierres naturelles, et l'on peut dire que la principale différence réside dans le peu de dureté du verre qui est facilement rayé là où les gemmes résistent parfaitement.

Pour faire de l'imitation de *diamant*, on fond ensemble, silex 100 parties, oxyde rouge de plomb 150, potasse fondue 35, borax fondu 10, acide arsénieux 1.

La *topaze* résulte de : strass 1000, antimoine 4, pourpre de Cassius 1.

Le *rubis*, de : strass 1000, peroxyde de manganèse 5, et trace de pourpre de Cassius.

L'*émeraude*, de : strass 1000, oxyde de cuivre 8, et oxyde de chrome 0.2.

L'*améthyste* de : strass 1000, peroxyde de manganèse 8, oxyde de cobalt 5, et pourpre de Cassius 0.2.

Le *saphir*, de : strass 1000, et oxyde de cobalt 15.

Le *béryl*, de : strass 1000, verre d'antimoine 500, pourpre de Cassius 4, et peroxyde de manganèse 5.

Etc.

Disons que les pierres naturelles peuvent, dans certains cas, subir des opérations qui en augmentent la valeur. En chauffant les topazes, on en fait des topazes brûlées très-estimées.

Le quartz *étonné* dans des solutions colorées, passe à l'état de rubasse. Les zones des agates sont rendues plus belles par l'immersion successive dans une solution de miel, puis dans l'acide sulfurique concentré, etc.

Enfin, il est du sujet d'ajouter qu'on est parvenu par diverses méthodes à fabriquer artificiellement des pierres précieuses ayant tous les caractères et même la composition des minéraux naturels. Le quartz, le rubis et les autres variétés de corindon, sont dans ce cas.

BIBLIOGRAPHIE

DANA : *Système de minéralogie.* — BRISTOW : *Glossaire de minéralogie.* — JACKSON : *Les mineurs et leurs ouvrages.* — GREGET LETTSOM : *Minéralogie de la Grande-Bretagne et de l'Irlande.* — PISANI : *Minéralogie.* — DELAFOSSE : *Minéralogie.* — WURTZ : *Dictionnaire de chimie.* — JANNETTAZ : *Le chalumeau.* — SIMONIN : *Les pierres.*

CHAPITRE XVIII

MÉTAUX ET MINERAIS MÉTALLIQUES

Les notions relatives aux métaux et aux minerais métalliques forment un des chapitres les plus importants de la Géologie appliquée. Ces substances se trouvent à la base de tous nos arts et de toutes nos industries. L'homme, condamné à l'usage exclusif d'outils en bois, en os ou en pierre ne peut s'élever beaucoup dans la civilisation et se trouve voué à l'état de barbarie. Avec les métaux toutes les conquêtes lui sont possibles.

C'est aux métaux, en effet, que nous devons nos outils les plus délicats et les plus puissants; nos machines propres à tous les usages; nos ornements les plus beaux et les plus durables; nos teintures et nos couleurs les plus éclatantes; nos moyens d'échange les plus commodes.

Ils se présentent dans la nature sous deux formes

bien différentes : soit *natifs*, c'est-à-dire libres et n'ayant à subir que des opérations mécaniques pour être employés ; soit à l'état de *minerais* de composition plus ou moins complexe et d'où ils ne sortent qu'à la suite de manipulations chimiques, ou, comme on dit, de *traitements métallurgiques*.

I. — MÉTAUX NATIFS.

Les métaux qui se rencontrent à l'état natif sont relativement très-peu nombreux, et, pour beaucoup d'entre eux, cet état est une exception rare parmi les combinaisons qu'ils peuvent affecter dans la nature.

Plusieurs sont le plus souvent à l'état natif : ce sont l'or, le platine, le palladium, l'argent, le mercure, le cuivre, l'arsenic, l'antimoine, le bismuth. D'autres sont plus ordinairement combinés, mais existent néanmoins à l'état libre, ce sont : le fer, le plomb, le zinc et l'étain.

On trouve aussi un certain nombre d'alliages natifs, comme les amalgames d'or, d'argent ou des deux ensemble, les alliages d'iridium et de platine, d'osmium et d'iridium, de nickel et de fer, etc.

Or. — L'or natif est rarement pur ; le plus souvent il est allié à une petite quantité d'argent et même de cuivre. Il est jaune, très-brillant, mou, très-flexible, très-tenace ; sa densité peut être évaluée à 15. Il se montre souvent cristallisé en cubes. On le trouve aussi en rameaux dendritiques, en lames ou en veines massives, en pépites et en paillettes (fig. 78).

Les 9/10 de l'or répandu dans le monde proviennent des sables ou des autres dépôts de transports aurifères

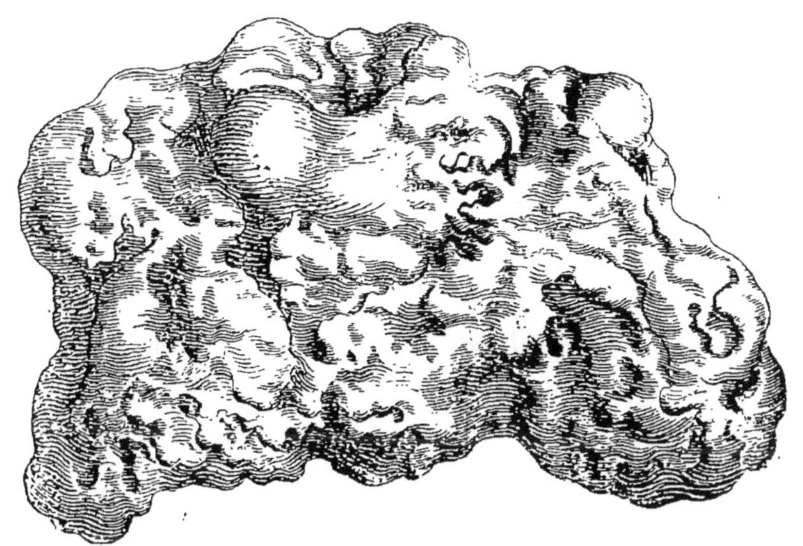

FIG. 78. — Pépite d'or.

où le métal se trouve en grains, en paillettes ou en *pépites*. C'est au Brésil, en Californie, en Australie, en Sibérie qu'existent les plus riches dépôts de ce genre. Cet or d'alluvion tire son origine de filons aurifères qui, presque toujours, ont le quartz pour base. (Californie, Australie, Oural).

PLATINE. — Le platine, connu très-anciennement en Amérique, fut apporté en 1740 en Europe. Il est d'un blanc légèrement grisâtre, d'un éclat très-prononcé quand il est poli; il est assez mou, malléable et ductile. C'est le plus dense, le plus infusible et le plus inaltérable des minéraux. Il raye sous les métaux natifs hormis le fer. Il contient souvent de l'osmium et presque toujours 20 0/0 de minéraux étrangers (fer, rhodium, iridium, palladium). C'est en platine iridié qu'ont été récemment fabriquées les règles métriques de la Commission internationale des poids et mesures. Il n'est exploité que dans les terrains d'alluvion ancienne. Les principaux gisements sont en Colombie, au Brésil et au pied de l'Oural.

PALLADIUM. — Ce métal est toujours associé au platine et lui ressemble assez. On l'a utilisé, à cause de son inaltérabilité, pour la fabrication des échelles divisées des instruments astronomiques. Allié à l'argent, il est employé par les dentistes.

ARGENT. — Métal blanc, très-brillant, très-ductile. Il est fusible au rouge vif; sa densité est 10,5. Il est vivement attaquable par l'acide nitrique. L'argent natif se présente quelquefois sous la forme de cristaux qui, le plus souvent, sont des cubes et des octaèdres; mais il offre plus habituellement la configuration dendritique. On cite des échantillons d'argent natif pesant plusieurs quintaux (fig. 79).

MERCURE, CUIVRE, FER. — Le mercure natif accompagne le cinabre dans ses gîtes sous forme de gouttelettes. On le trouve aussi dans divers terrains détritiques, par exemple dans un conglomérat qui forme le sous-sol de la ville de Montpellier. C'est le seul métal liquide à la température ordinaire. Il ne prend l'état solide qu'à 40°; il ressemble alors à l'argent et peut

FIG. 79. — Argent natif.

être forgé et martelé. Dans son état ordinaire il est blanc d'argent brillant, et coule sur la plupart des corps sans les mouiller. Sa densité est de 13,5.

On le trouve dans la Carniole, en Espagne et en Californie.

Le fer natif n'a que des gisements très-rares et très-restreints. Les grandes masses que l'on rencontre en beaucoup de points à la surface du globe, sont d'origine extra-terrestre, et sont ce qu'on appelle des fers météoriques. Il en est qui pèsent jusqu'à 2,000 kilogrammes. On en a trouvé en Sibérie, au Mexique, dans l'Amérique méridionale, et même en France, dans le département du Var. Le fer météorique est souvent caverneux, tel celui de Pallas, et les cellules en sont remplies par une matière vitreuse, jaunâtre, qu'on rapporte au péridot, au pyroxène et même à la dunite. Il y a aussi du fer météorique massif; celui-ci offre des indices évidents d'une cristallisation qui tendait à produire des octaèdres réguliers. Le métal de l'une ou l'autre variété est susceptible d'être forgé et transformé en outils, armes, etc. La masse trouvée à Caille (Var) et exposée au Muséum de Paris pèse 625 kilog. et contient 6,2 0/0 de nickel.

On sait que le fer est gris, avec une légère teinte bleuâtre, malléable, ductile, très-tenace, très-éclatant quand il est poli, magnétique à un très-haut degré. Sa densité est 7,5.

Le cuivre est rouge, très-éclatant, très-ductile, très-malléable, tenace, assez dur. Sa densité est de 6,7 à 8, 9. Le cuivre natif se trouve accessoirement avec les minerais ordinaires. Il se présente le plus souvent sous la forme de masses ramuleuses ou dendritiques. Certaines roches vacuolaires à base de pyroxène en renferment de gros nodules, par exemple sur les bords du lac Supérieur aux États-Unis.

2. — MINERAIS MÉTALLIQUES.

Ainsi que nous l'avons déjà dit, la grande majorité des métaux se rencontrent à l'état de *minerais*, c'est-à-dire de composés plus ou moins compliqués d'où ils ne sont extraits que par des traitements chimiques appropriés. Ces minerais ont souvent un aspect pierreux, mais on les reconnaît au premier abord à leur forte densité. Presque tous se présentent en veines et en filons traversant les roches les plus dures; pourtant il en est qui constituent des couches interstratifiées dans les formations sédimentaires.

Leurs compositions sont très-variées et la plupart se rangent, au point de vue minéralogique, dans les familles des oxydes, des sulfures, des carbonates, des silicates, etc. A notre point de vue il sera plus utile de les grouper suivant le métal utile qu'ils renferment.

En voici l'énumération :

ALUMINIUM. — Les minerais d'aluminium les plus abondants et les plus propres à l'extraction du métal sont la bauxite et la cryolithe. Le premier consiste en hydrate d'alumine, et l'autre en fluorure double d'aluminium et de sodium.

ANTIMOINE. — On le trouve très-rarement natif; son minerai le plus abondant est la stibine ou sulfure d'antimoine.

La stibine se trouve principalement en filons dans les terrains anciens. La France en possède plusieurs mines importantes, notamment celle de Malbosc (Ardèche).

On en a trouvé aussi de fort beaux échantillons en Angleterre, en Allemagne et en Toscane.

Arsenic. — Les principaux minerais d'arsenic sont des sulfures connus sous le nom de réalgar et d'orpiment. Les plus beaux échantillons viennent de Hongrie et de Transylvanie. Le réalgar se trouve en outre, dans la dolomie, au Saint-Gothard et parmi les produits sublimés de quelques volcans (Vésuve, Etna).

L'*orpin rouge* et l'*orpin jaune* des peintres ne sont autre chose que du réalgar et de l'orpiment préparés par une voie artificielle.

Baryum. — Le vrai minerai de baryum est la barytine dont nous avons déjà parlé et qui n'abandonne le métal à l'état de liberté qu'à la suite d'un traitement chimique compliqué.

Bismuth. — Le bismuth se trouve surtout à l'état natif. Ce sont les mines de Saxe qui le fournissent presque exclusivement.

Cadmium. — Ce métal entre dans la composition des minerais de zinc. On l'extrait des résidus de fabrication de ce dernier.

Cæsium. — Il existe dans le salin de betterave qui en est le vrai minerai. On le rencontre aussi dans beaucoup d'eaux minérales, dans le lépidolite, la carnalite, etc.

CALCIUM. — Le calcium est un des métaux les plus abondants. C'est surtout à l'état de carbonate, de sulfate, de fluorure, de phosphate et de silicate qu'il se présente dans la nature.

CERIUM. — Métal extrêmement rare qui existe dans les minéraux connus sous les noms de cérite, d'allanite et d'orthite. On ne l'a jamais vu qu'à l'état de poudre brunâtre, infusible, prenant l'état métallique par la friction.

CHROME. — On le trouve dans le sidérochrome ou fer chromé, minéral composé d'oxyde de chrome, de peroxyde de fer et d'alumine. Le feu du chalumeau lui communique, sans le fondre, la vertu magnétique. On l'a trouvé à Baltimore, sous la forme d'octaèdres réguliers; il existe dans la serpentine en petites masses disséminées aux environs de Fréjus (Var).

C'est avec ce minerai qu'on prépare le chromate de potasse, qui sert, à son tour, à obtenir des produits diversement colorés. On s'en sert aussi pour la fabrication de l'oxyde (vert de chrome) si précieux pour la peinture sur porcelaine, à cause de la propriété qu'il possède de résister au feu.

COBALT. — Ses minerais sont la smaltine et la cobaltine. La première est un arséniure de cobalt, ordinairement mélangé de fer; d'un gris d'acier, brillant dans sa cassure fraîche, il se ternit à l'air et cristallise en cubes. La seconde est un arsénio-sulfure de cobalt ferrifère qui a beaucoup de rapports avec la smaltine. Sa couleur est d'un gris rougeâtre, et son éclat plus brillant.

Ces minerais de cobalt se trouvent au sein de filons qui traversent les terrains anciens où ils sont fréquemment mélangés de minerais d'argent, de cuivre et de fer. On trouve la smaltine à Sainte-Marie-aux-Mines, dans les Vosges; à Schneeberg, en Saxe, etc. La cobaltine s'extrait principalement de la mine de Tunaberg en Suède, où elle est associée à la chalkopyrite, On en trouve aussi en Norvége et dans le Connecticut.

Cuivre. — Les principaux minerais de cuivre sont la *chalkosine*, la *chalkopyrite* et la *panabase*.

La chalkosine est un sulfure de cuivre, tenant environ 75 0/0 de ce métal. Sa couleur est le gris de fer tirant sur le bleu. Elle est très-friable et soluble, en vert, dans l'acide nitrique. Ses cristaux ont pour forme le prisme hexagonal simple ou bordé de facettes à la base. On trouve plus souvent la chalkosine en masses lamellaires ou compactes d'une couleur foncée. Elle renferme ordinairement un peu de fer, et souvent de l'argent.

La chalkopyrite résulte de la combinaison de deux sulfures, l'un de cuivre et l'autre de fer; mais il est fréquemment mélangé, en outre, de sulfure de fer. Sa teneur en cuivre est de 33 0/0. Sa couleur est le jaune de laiton, avec une légère nuance de vert. Soluble, en

vert, dans l'acide nitrique. Les cristaux ont habituellement la forme du sphénoèdre primitif simple ou modifié
sur les angles, ou celle d'un octaèdre à base carrée.
On le trouve plus souvent en masses et quelquefois en
concrétion.

La chalkopyrite offre assez souvent des reflets irisés
à sa surface ; mais il existe un minerai cuivreux, composé à peu près comme elle, chez lequel des irisations
profondes de couleurs foncées, constituent un caractère
habituel. On le désigne particulièrement par les noms
de *cuivre panaché* ou *philipsite*.

La *panabase* ou cuivre gris se compose de cuivre gris
et de fer minéralisés par du soufre et par de l'antimoine.
Elle contient en moyenne 35 0/0 de cuivre ; mais un
peu de ce métal peut être remplacé par de l'argent, et
une partie de l'antimoine par de l'arsenic. Sa forme primitive est le tétraèdre régulier. Sa couleur, gris d'acier.

Il y a des cuivres gris ou fahlerz dans lesquels
l'arsenic remplace presque complétement l'antimoine.
On en fait une espèce sous le nom de *tennantite*.

Les principales mines de cuivre sont en Cornouailles,
en Saxe, au Hartz, en Suède et en Norvége, à Cuba,
au Chili, dans l'Oural.

Didyme. — Métal excessivement rare, un des compagnons du cérium. Il n'a pas de valeur commerciale, et
peu de ses composés ont été jusqu'ici étudiés.

Glucinium. — C'est la base de la glucine et l'un des
plus rares des métaux. D'une couleur blanc d'argent, il

peut être forgé et laminé comme l'or. Le minéral d'où on l'extrait, est l'émeraude et le béryl.

Or. — Les minerais d'or sont peu abondants et peu riches, mais la plupart des pyrites de fer et de cuivre, des pyrites arsenicales, des galènes, des blendes sont plus ou moins aurifères. L'or est à la fois un des métaux les plus rares et les plus universellement disséminés.

Indium. — L'indium, ainsi nommé de la raie indigo qu'il donne au spectroscope, n'a jusqu'ici été rencontré que dans une blende de Freiberg. Il est gris plomb et trace sur le papier.

Iridium. — Ce métal est un des compagnons constants du platine; mais il est beaucoup plus rare que lui. D'un blanc grisâtre, il est fragile, très-difficilement fusible. On l'emploie dans la peinture sur porcelaine et c'est lui qui forme le bec des plumes d'or. Avec le cuivre, l'or, le mercure, il forme des alliages dont le dernier est encore plus inaltérable que le platine lui-même.

Gallium. — C'est la dernière conquête du spectroscope. Analogue pour ses propriétés chimiques à l'aluminium, ce métal a été découvert dans différentes variétés de blende.

Fer. — On le trouve dans les minerais suivants :
Aimant ou fer oxydulé. — C'est celui des oxydes naturels qui renferme le moins d'oxygène ; sa forme primitive est un octaèdre régulier. Il est fortement magnétique

et est quelquefois doué du magnétisme polaire. Il renferme 72 0/0 de fer.

L'aimant se trouve fréquemment cristallisé en octaèdres et quelquefois en dodécaèdres rhomboïdaux disséminés dans les roches talqueuses ou talcoïdes, telles que la serpentine et la chlorite (Alpes pennines, Savoie).

Il existe aussi en masses grenues intercalées dans des micaschistes et des roches amphiboliques (Suède, Oural), ou dans des calcaires et des schistes secondaires (île d'Elbe). Certaines variétés massives constituent les aimants naturels. On trouve encore l'aimant en petits octaèdres et en grains dans les sables qui sont dus à la destruction de certaines roches schisteuses ou volcaniques. Ces cristaux sont fréquemment titanifères. Ceux qui sont riches en titane ont été appelés *nigrine*.

Oligiste. — La substance de cette espèce est le sesquioxyde de fer, contenant 69 0/0 de métal pur. Sa forme primitive est un rhomboèdre de 86°, 10.

L'oligiste offre plusieurs sortes assez distinctes :

Le *fer spéculaire* qui jouit pleinement de l'éclat métallique, et se rencontre en cristaux, en masses cristallines, ou en plaquettes brillantes. Les cristaux les plus fréquents viennent de l'île d'Elbe. On en trouve aussi à Framont, dans les Vosges. Le même minéral se trouve aussi en lamelles disséminées au sein des roches volcaniques, anciennes ou modernes (Puy-de-Dôme, Vésuve).

L'oligiste écailleux ou micacé gît accessoirement dans beaucoup de mines de fer.

L'oligiste rouge peut être métalloïde ou terreux. Sa couleur est un mélange de gris et de rouge: il en existe d'un rouge vif qui passe à la *sanguine* par un mélange d'argile.

L'oligiste concrétionné est connu principalement sous le nom d'*hématite rouge*

On l'emploie pour faire des brunissoirs destinés à polir l'or.

L'oligiste accompagne l'aimant dans la plupart de ses gîtes (Suède, île d'Elbe) et lui emprunte souvent sa vertu magnétique. On le trouve aussi avec la limonite.

La *limonite ou fer oxydé hydraté.* — Sa substance est un ses qui oxyde hydraté, comme celle des minerais limoneux qui se déposent dans certains marais. La quantité d'eau est de 14 à 15 p. 100, et celle du métal atteint normalement 58 à 60. La forme cristalline de ce minéral est encore inconnue. Sa densité varie entre 3, 3 et 3, 4. Sa couleur est le brun ou le brun terreux. Au chalumeau il devient noir, se scorifie et prend la vertu magnétique.

On peut distinguer trois sortes principales : la limonite *en masse* dont la variété la plus intéressante est l'*hématite brune:* elle remplit, conjointement avec l'oligiste et la sidérose, des cavités souterraines où elle a été amenée par des eaux thermales (Vicdessos, dans l'Ariége) ;

La limonite *oolithique*, qui constitue un minerai très-employé et qui alimente seul les nombreuses forges de la Haute-Marne, de la Côte-d'Or, de la Haute-Saône, etc. C'est à cette sorte qu'il convient de rapporter les sphères ou amandes géodiques formées par des couches concentriques d'une limonite impure et qui contiennent souvent un noyau mobile d'argile ferrugineux (*œtite* ou pierre d'aigle);

La limonite *terreuse*, ordinairement tendre et sans consistance, est d'un brun passant au jaune. Elle forme des dépôts superficiels dans des terrains souvent très-modernes (Cher, Dordogne). Certaines variétés fines, connues sous le nom d'ocre, sont exploitées comme matière colorante, notamment à Pourrain, dans l'Yonne.

Sidérose (fer carbonaté, fer spathique). — Sa substance est le carbonate de fer. Pure, la sidérose contient 45 p. 100 de fer, mais elle est habituellement mélangée de carbonate de chaux et souvent de carbonate de magnésie et de manganèse. Sa forme primitive est un rhomboèdre obtus de 107°. Au chalumeau, la sidérose noircit et devient magnétique.

Elle forme à elle seule des filons dans des terrains plus ou moins anciens; le plus souvent, elle accompagne les autres minerais de fer. Une sorte lithoïde, massive ou concrétionnée (*blakband*), se trouve le plus souvent dans les houillères où elle forme des cordons ou des bandes. Elle constitue le minerai courant des forges anglaises,

Pyrite ou fer sulfuré jaune. — Minéral, dont la substance est le bi-sulfure de fer. Sa couleur est jaune laiton; l'éclat très-brillant; la densité, 5. C'est peut-être le minéral métallique qui fournit les cristaux les plus nets et les plus variés. Ses formes dérivent de l'hexadièdre ou dodécaèdre pentagonal. La pyrite était employée comme pierre à fusil avant qu'on sût se servir du silex. Son brillant métallique l'a fait utiliser en joaillerie sous le nom de *marcassite.* On en peut tirer du soufre par la distillation.

Sperkise ou fer sulfuré blanc. — La composition de ce minéral est identique à celle du précédent. Sa couleur est blanc jaunâtre un peu verdâtre; ses cristaux se rapportent au système orthorhombique. Cette pyrite est sujette à se transformer en sulfate de fer sous l'influence de l'air humide.

La *pyrrhotine,* ou fer sulfuré magnétique, se distingue des précédents par sa propriété d'agir immédiatement sur l'aiguille aimantée. Moins commune que la pyrite, elle gît principalement dans des filons métallifères. On la trouve encore en petites masses dans les schistes anciens. Elle existe aussi en petits grains dans les météorites.

LANTHANE. — Le lanthane est un des métaux rares en association avec le didyme et le cérium. Il n'est jusqu'à présent connu que par les chimistes de profession sous la forme d'une poudre métallique douce et d'un gris de fer.

Plomb. — Les minerais principaux sont la *galène* et la *céruse*.

La *galène* pure est un sulfure de plomb contenant 85 0/0 de métal, et quelquefois une petite quantité de plomb. Elle cristallise ordinairement en cube, et est d'un clivage facile; sa densité est de 7, 5, et sa couleur gris de plomb. C'est le minerai de plomb le plus riche et le plus répandu. On le trouve toujours dans des filons qui traversent des terrains de sédiment, surtout le terrain de transition, en association avec le quartz, la barytine, la fluorine, le calcaire. Elle est fréquemment accompagnée de blende et de pyrite.

La France en possède quatre mines principales : Poullaouen et Huelgoat en Bretagne, Villefort dans la Lozère, Pontgibaut en Auvergne, et Vienne dans l'Isère.

La *céruse* est composée de plomb et d'acide carbonique; elle renferme 76 0/0 de plomb. Sa forme primitive est un prisme droit rhomboïdal de 117°. Sa couleur est presque blanche, et elle possède l'éclat adamantin; sa densité est élevée 1, 61,67, 7. Elle se trouve souvent cristallisée dans les géodes des filons plombifères. Certains morceaux ont une couleur noire, que l'on est porté à attribuer à un mélange de galène ou de sulfure d'argent. Ce minéral accompagne souvent la galène.

Lithium. — Le lithium n'est connu que des chimistes de profession. On le rencontre à l'état de composé plus ou moins complexe dans diverses eaux minérales, dans le pétalite, l'amblygomte, le lépidolite, la tourmaline et quelques autres minéraux. La cendre de plusieurs plantes en contient. C'est un métal d'un blanc d'argent, très-oxydable et mou comme le plomb. C'est le plus léger des corps métalliques connus. Sa densité dépasse à peine la moitié de celle de l'eau. Plusieurs de ses sels sont employés en médecine.

MAGNÉSIUM. — Ce métal est la base de la magnésie ; il jouit de l'éclat métallique, est très-mou, il brûle facilement, avec une lumière blanche extrêmement vive. On l'extrait surtout de la *dolomie* et de la *giobertite*.

La *dolomie* est de la chaux carbonatée magnésifère. Elle a été appelée chaux carbonatée lente, parce qu'elle se dissout dans l'acide nitrique avec une effervescence lente et tranquille, caractère excellent pour la faire distinguer du calcaire. Sa forme primitive est le rhomboèdre de 106° 5; ses couleurs sont très-variables. Les variétés cristallisées ont un certain éclat moiré ou perlé. Elle forme des dépôts restreints dans plusieurs formations où elle est associée au calcaire. Les masses cristallines, notamment la variété saccharoïde du Saint-Gothard, sont dues à des actions métamorphiques.

La *giobertite* est du carbonate de magnésie. Elle existe sous forme de rhomboèdre primitif de 107° 25 dans certains schistes talqueux du Tyrol. Il en existe une autre variété blanche (celle du Tyrol est brune), subterreuse, en rognons, à Baldissero, près de Turin.

Celle-ci est toujours plus ou moins mélangée de magnésite.

MANGANÈSE. — Métal gris, peu éclatant, ressemblant à la fonte blanche, dur, cassant. Ses principaux minerais sont des oxydes, et sont exploités comme tels et non pour le métal qu'ils renferment. Citons seulement la *pyrolusite* et, comme appendice, l'*acerdèse*.

La substance de la *pyrolusite* est un bioxyde; c'est le plus oxygéné des oxydes de manganèse et, par conséquent, le plus important pour l'industrie. Il cristallise en prisme droit rhomboïdal de 93°. 1/2. Sa couleur est le gris noirâtre. Au chalumeau, il se change en oxyde rouge sans fusion. On trouve fréquemment cette espèce en stalactites. L'oxyde qu'on exploite à Romanèche, près Mâcon, renferme 16 0/0 de baryte (*psilomélane*). Il est en masses, à texture granulée; sa couleur tire sur le bleuâtre.

L'*acerdèse* est un manganèse oxydé hydraté. Elle est grise; sa poussière est brune. Elle cristallise comme la pyrolusite, et se trouve aussi en masses amorphes et même terreuses. Elle accompagne le minerai de fer de Rancié (Ariége) et le fer oligiste de la Voulte (Ardèche).

Les oxydes de manganèse sont utilisés dans l'art du verrier pour décolorer le verre, le rend verdâtre, et aussi pour le colorer, ainsi que le cristal, en violet améthyste. On les emploie aussi dans la fabrication du chlore, et pour la préparation de l'oxygène.

MERCURE. — Le minerai de mercure est le *cinabre*, espèce consistant en un sulfure de mercure, qui renferme 85 0/0 de ce métal. Sa couleur, d'un rouge vif dans les masses cristallines, s'obscurcit souvent par un mélange de matières étrangères. Elle est entièrement volatile au feu du chalumeau. Sa densité est 8. Ses cristaux sont rares; ils dérivent du rhomboèdre aigu. Il se présente le plus souvent en masses lamelleuses d'un éclat adamantin, et en masses finement grenues. On appelle *mercure hépatique* une variété bitumineuse, qui n'est qu'un schiste ou un calcaire imprégné de cinabre.

Le cinabre affecte deux espèces de gisement, l'un en filons ou en veines dans les schistes anciens; l'autre en dissémination au sein du grès houiller ou de quelques schistes et calcaires jurassiques. Les riches mines d'Almaden, dans la Manche en Espagne, ainsi que le gîte moins important de Toscane, sont dans le premier cas. Les mines du Palatinat et d'Idria, en Illyrie, sont dans le second.

Récemment on en a découvert en Algérie, en Californie et en France, au Ménildot (Manche) et à Réalmont (Tarn).

Le cinabre est la base du *vermillon*.

MOLYBDÈNE. — Le minerai est la *molybdénite* ou molybdène sulfuré, d'un gris de plomb, écailleux ou lamelleux, douce au toucher et assez tendre pour recevoir l'impression de l'ongle. On la trouve en veinules et en petites masses dans les granites anciens.

Nickel. — Le nickel, qui entre dans la composition d'un certain nombre de minéraux, n'était extrait, jusque dans ces dernières années, que de la *nickéline* ou nickel sulfuré. Très-récemment, la Nouvelle-Calédonie a fourni en abondance un silicate double de nickel et de magnésie (*garniérite*), qui paraît devoir donner le métal à très-bas prix. Ce résultat est important, car le nickel possède des propriétés précieuses, non pas tant cependant à l'état libre qu'allié avec le cuivre en proportions variées.

Niobium. — Le niobium est toujours associé au tantale, et fait partie des minéraux les plus rares contenus dans certains schistes cristallins de la Suède, du Groenland, de l'Espagne et de l'Amérique du Nord. Il n'a d'intérêt qu'au point de vue de la chimie pure.

Osmium. — C'est encore un des compagnons du platine, et on ne le rencontre qu'à l'état d'osmiure d'iridium, dans les sables métallifères de l'Oural et de la Californie.

Potassium. — Le vrai minerai de la potasse n'est autre que la cendre des végétaux et, par conséquent, sort de notre cadre. Cependant les plantes ne peuvent prendre ce métal qu'aux roches sur lesquelles elles vivent, et leur rôle se borne à concentrer une substance disséminée en beaucoup de roches en très-faible proportion. Nous avons, dans un chapitre antérieur, décrit le chlorure de potassium et le nitrate de potasse natifs, qui pourraient, comme le produit du lessivage des cendres, servir à la fabrication du potassium. Celui-ci est un métal mou, d'un blanc d'argent, plus léger que l'eau, et s'oxydant avec incandescence à la température ordinaire.

RHODIUM. — Ce métal fait partie des minerais de platine et ressemble beaucoup à ce dernier. Il est encore plus rare que lui et n'a guère été employé qu'à fabriquer les becs des plumes d'or.

RUBIDIUM. — Le rubidium est le premier métal découvert par le spectroscope. En proportions extrêmement faibles, il fait partie de beaucoup d'eaux minérales, du lépidolite, du pétalite, des micas à lithine et de la cendre de certaines plantes telles que la betterave.

RUTHENIUM. — Toujours avec le platine, a des propriétés fort analogues à celles du rhodium et de l'iridium.

SÉLÉNIUM. — C'est à peine un métal, et ses minerais sont les séléniures de tellure, de bismuth, d'or, d'argent et de cuivre. Il existe dans les pyrites et a beaucoup d'analogie avec le soufre qu'il accompagne ordinairement.

SILICIUM. — Le silicium est la base de la silice, et c'est un des corps les plus abondamment répandus de la nature. Son extraction est très-difficile, et ses propriétés sont plutôt celles d'un métalloïde que d'un métal.

ARGENT. — Les minerais d'argent proprement dits sont l'*argyrose*, l'*argyrithrose* et le *kérargyre*.

La substance de l'*argyrose* est le sulfure d'argent contenant 86,5 0/0 d'argent. Sa forme primitive est le cube ; sa densité, 7 ; sa couleur est le gris de plomb. On le trouve le plus souvent en petites masses amorphes et rameuses, ayant une cassure conchoïdale vitreuse, ce qui lui a valu le nom d'*argent vitreux*.

L'*argyrithrose* est un double sulfure d'argent et d'antimoine. On l'appelle aussi argent rouge, à cause de sa couleur caractéristique. Il contient 57 à 60 0/0 d'argent. Sa densité est 2 à 2,5. Il se présente sous des formes cristallines très-variées qui offrent la plus grande analogie avec celles du calcaire. A côté de cette espèce, on peut citer un minerai analogue, mais ayant une plus forte proportion d'argent, 65 à 72 0/0 et portant les noms d'argent sulfuré fragile, argent noir. etc.

Le *kérargyre* ou argent muriaté est composé de 68 0/0 d'argent et de chlore, souvent brômifère. Vitreux, adamantin, d'un blanc grisâtre passant au ver^t, fort tendre, se laissant couper au couteau comme de la cire, d'une densité de 5,3, et se présentant en petits cristaux cubiques ou, plus souvent, en masses vitreuses à cassure conchoïdale.

Tous ces minerais se trouvent ordinairement ensemble, et l'argent métallique qui les accompagne paraît résulter de leur décomposition. On les trouve presque exclusivement dans l'Amérique méridionale, sur les pentes des Cordillères où ils gisent dans des filons de quartz qui traversent des calcaires de l'époque secondaire. En Europe, il n'y a qu'une véritable mine d'argent, celle de Kongsberg, en Norvége.

SODIUM. — Les qualités du sodium sont analogues à celles du potassium ; son véritable minerai est le *sel marin* dont nous avons déjà parlé.

STRONTIUM. — Le strontium est un métal alcalin extrait du carbonate de strontiane ou *strontianite*. Il est analogue au barium et se trouve dans les mêmes gîtes. Il fond difficilement et n'est pas volatil. C'est un poison violent. On le rencontre dans la nature, dans le carbonate et dans le sulfate de strontiane (*célestine*).

TELLURE. — Autre métal très-rare. Brillant et blanc de couleur, fragile et de structure cristalline, facilement fusible ; on le rencontre généralement à l'état massif et disséminé avec le quartz, l'or, l'argent, l'antimoine, l'arsenic, et les pyrites de fer dans quelques mines de l'Allemagne et de la Hongrie. Nagyag, en Transylvanie, est une de ses sources les plus abondantes. On le trouve rarement pur; il contient ordinairement une petite proportion d'or et de fer.

TERBIUM, etc. — Le *terbium*, l'*erbium*, le *thallium* et le *thorium* sont des métaux très-rares et très-peu connus. Ils dérivent de minerais également rares et n'intéressent que des minéralogistes et des chimistes de profession.

Étain. — L'étain, employé dans les manufactures pour la fabrication du bronze, est un métal d'un blanc d'argent, légèrement coloré en gris, d'une saveur particulière et d'une odeur qui peut être facilement reconnue quand il est légèrement chauffé. Il est extrêmement malléable à 200°, et tout le monde connaît les feuilles d'étain, mais il est peu ductile, et les fils d'étain n'ont aucune solidité. Il est flexible, et en se cassant produit un bruit connu sous le nom de cri de l'étain. Son minerai principal est la *cassitérite*, bioxyde d'étain dans lequel celui-ci entre pour 77 0/0. Sa forme primitive est un octaèdre carré ; sa densité très-voisine de 7. Les cristaux de la cassitérite sont rarement simples ; presque toujours ils s'accolent deux à deux, trois à trois, par des plans obliques et se pénétrant profondément. Ces mâcles, facilement reconnaissables à leurs becs rentrants, ont reçu des mineurs le nom de *becs d'étain*. On trouve aussi ce minéral en petites masses amorphes et vitreuses. Il existe une variété à structure stratiforme et comme fibreuse, qui offre assez souvent des teintes d'un brun jaunâtre avec une disposition veinée (étain de bois).

La cassitérite est le seul minerai d'étain exploité. Elle gît dans les filons les plus anciens au sein des terrains granitiques, au milieu d'une gangue de quartz ou de gneiss. On la trouve aussi en morceaux roulés dans certaines alluvions. Les principaux lieux d'extraction sont : l'île de Bornéo et la presqu'île de Malacca dans l'Inde, le Mexique et le pays de Cornouailles, en Angleterre. Il y a aussi des mines exploitées en Saxe et en Bohême. La France offre quelques gîtes peu productifs en Bretagne et dans le Limousin.

TITANE — Le titane n'est connu que depuis fort peu d'années, le prétendu titane de Grégor étant le carboazoture du métal. C'est, d'ailleurs un corps sans application qui se présente dans la nature à l'état d'oxyde (*anatase*, *rutile*, *brookite*) et dans quelques minerais tels que le *mennacanite*, le *sphéne* et le *fer titané*.

TUNGSTÈNE. — Le tungstène qui a pris beaucoup d'importance depuis qu'on a constaté les précieuses propriétés qu'il communique à l'acier et dont certains sels sont utilisés en teinture, existe surtout dans la nature, dans le minéral appelé *wolfram*.

URANE. — L'urane est, comme le titane, un corps que l'on croyait connaître depuis longtemps et qui cependant n'a été isolé que récemment. Ses applications principales concernent la coloration des verres auquel il communique à un haut degré les propriétés florescentes. L'uranate de potasse est employé en peinture comme substance *orangée*.

VANADIUM. — C'est d'un minéral de Taberg, en Suède, que le vanadium a été extrait; il est peu connu et n'a jusqu'ici qu'un intérêt théorique. Il est remarquable par son extrême diffusion dans la nature; la plupart des argiles en contiennent des traces.

YTTRIUM. — L'yttrium est un des corps les plus rares. C'est avec le cérium qu'on le rencontre.

ZINC. — Au contraire, le zinc est très-abondant et fort utile. Cependant on a été bien longtemps sans connaître sa valeur. A la température ordinaire, en effet, il est impossible de le travailler et il fallait découvrir la malléabilité et la ductilité que lui communique une température de 220 à 320 degrés pour savoir en tirer parti ; c'est un métal trop connu pour que nous le décrivions ; rappelons seulement qu'il entre dans la constitution du laiton ou cuivre jaune.

Ses minerais principaux sont le *blende* et la *calamine*. Le blende est le sulfure de zinc ; sa couleur varie du brun au jaune. La calamine est composée en général de carbonate de zinc associé à du silicate du même métal. C'est ce dernier minerai qui est le plus exploité. Ses gisements principaux sont ceux de la Vieille-Montagne, près d'Aix-la-Chapelle, et de Tarnowitz en Silésie. On trouve le même minéral sur plusieurs points de l'Angleterre et de la Belgique. Partout il forme des amas très-irréguliers intercalés dans des calcaires et dolomies et qui portent avec eux de fréquents indices d'une action thermale.

ZIRCONIUM. — Le zirconium tire son nom des zircons de Ceylan constitués par du silicate de zircone. C'est, d'ailleurs, une substance peu connue et sans applications.

BIBLIOGRAPHIE

DANA : *Système de minéralogie.* — PERCY : *Métallurgie.* — PHILLIPS : *Éléments de métallurgie.* — KERL : *Métallurgie.* — WAGNER : *Chimie technologique.* — KNAPP : *Chimie technologique.* — URE : *Dictionnaire des arts et manufactures.* — WATT : *Dictionnaire de Chimie.* — SIMONIN : *Les Mines et les Mineurs.*

CHAPITRE XIX

SOMMAIRE GÉNÉRAL

Ayant énuméré les relations qui existent entre la Géologie et les arts et manufactures, il sera utile de résumer ici de la manière la plus sommaire les faits que nous avons indiqués. Nous disposerons cette revue rétrospective suivant l'ordre des interpositions géologique, donnant par chaque système la liste des matériaux utiles qu'on en peut extraire.

SYSTÈME POST-TERTIAIRE. — SÉDIMENTS SUPERFICIELS

Sable siliceux. Mortiers, moulage des métaux, fabrication du verre, mélangé avec les argiles trop grasses destinées à la préparation des poteries et des briques.

Sables coquillers et débris de coquilles du littoral.

Amendements agricoles, quelquefois succédanés de la pierre à chaux.

Cailloux. Macadam, préparation de couches perméables, fabrication du béton et des pierres artificielles.

Galets du littoral et *du diluvium* (calcinés et broyés). En mélange dans la pâte des poteries.

Argiles diverses. Fabrication des briques, tuiles, tuyaux de drainage, porcelaine, pipes, etc ; amendements agricoles.

Vases siliceuses et *terres à infusoires.* Briquettes à polir, fabrication de la dynamite.

Marnes argileuses et *coquillières.* Amendements agricoles.

Tourbe. Combustible, distillée quelquefois pour le bitume, souvent employée comme amendements.

Lignite des tourbières. Ornements.

Liquides bitumineux, comme napthe, pétrole asphalte. Éclairage, ciments, dissolvants, lubréfiants, usages médicaux.

Coraux. Quelques variétés propres à l'ornement; le plus grand nombre exploités comme pierre à chaux.

Incrustations salines (sel commun, nitrate de soude et de potasse, borax, borate de chaux, sel ammoniac). Emplois très-variés et considérables dans les arts et manufactures, en médecine et en agriculture.

Soufre et *terres sulfureuses.* Poudre à canon, acide sulfurique, fabrication du caoutchouc vulcanisé, médecine, etc.

Guano. Agriculture.

Brèches osseuses. Engrais phosphatés.

Sables marins métallifères. Contenant de l'or, du platine, de la cassitérite, des pierres précieuses : lavés dans une foule de régions.

Minerais de fer des marais. Exploité pour le fer.

Sable de fer titané. Exploité pour le fer dans quelques localités.

SYSTÈME TERTIAIRE

Sables siliceux. (Voyez ci-dessus).

Graviers siliceux. Routes, bétons, porcelaine.

Argiles diverses. Arts céramiques.

Calcaires. Constructions, mortiers, applications agricoles et autres.

Gypse. Fabrication du plâtre, du stuc, etc. ; application agricole.

Nodules phosphatés. Engrais.

Meulières. Constructions, macadam, pierres à moudre.

Lignite. Combustible, fabrication du gaz, bitumes, ornements avec la variété dite jayet ; alun et sulfate de fer.

Ambre ou *succin.* Ornements, vernis.

Minerais de fer en grains. Exploité en Franche-Comté et dans d'autres régions.

SYSTÈME CRÉTACÉ

Craie. Chaux vive, mortiers, agriculture, matière colorante blanche; crayons blancs, fabrication de l'acide carbonique.

Calcaires compactes. Constructions, chaux et mortiers, agriculture.

Silex. Macadam, pierres à briquet, fabrication du verre et de la porcelaine.

Argile smectique. Foulage et dégraissage des laines.

Nodules phosphatés. Agriculture.

Gaise. Briques réfractaires, dynamite.

Lignites (Voyez ci-dessus).

SYSTÈME OOLITHIQUE

Calcaires compactes. Constructions, décoration, mortiers, agriculture.

Calcaires coquilliers. Ornements.

Calcaire lithographique. Lithographie.

Argile smectique (Voyez ci-dessus).

Schistes bitumineux. Huiles minérales par distillation.

Charbons bitumineux. Chauffage, gaz, etc.

Minerai de fer.

FORMATION LIASIQUE

Argile bleue du lias inférieur. Briques.

Schistes alumineux et pyriteux. Préparation de l'alun et du sulfate de fer et quelquefois même extraction du soufre et fabrication de l'acide sulfurique.

Jayet. Très-recherché pour la fabrication d'objets d'ornements.

Sidérose. Minerai de fer facile à traiter et renfermant jusqu'à 33 pour 100 de fer métallique.

SYSTÈME TRIASIQUE

Grès divers. Constructions.

Calcaire coquiller (Muschelkalk). Mortiers, agriculture, et autres applications.

Gypse et *albâtre.* Plâtre, agriculture, décoration.

Sel gemme. Employé soit à l'état brut, soit à l'état raffiné, usages industriels variés, fabrication de la soude, verrerie, agriculture, conservation des denrées alimentaires, emploi culinaire, etc.

Sources salées. Donnent par l'évaporation 4 à 7 p. 100 de sel.

Sels doubles de soude, potasse, etc. (Carnallite, polyhalite, etc.). D'où l'on tire les sels de soude, de potasse, de magnésie, de chaux et autres et qui sont longuement employés dans les arts et manufactures.

SYSTÈME PERMIEN

Grès variés. Constructions, dallage.

Calcaire magnésien. Constructions, préparation des sels de magnésie et spécialement le carbonate et le sulfate.

Schiste cuivreux. Exploité en Allemagne comme minerai de cuivre.

SYSTÈME CARBONIFÈRE

Grès. Constructions, dallage, pierre à moudre, à polir, à broyer, etc.

Schiste bitumineux, alumineux et *pyriteux.* Distillé pour la paraffine et l'huile de paraffine, alun et sulfate de fer, soufre et acide sulfurique.

Argiles réfractaires. Très-exploitées pour les briques, fourneaux, cornues à gaz, pots de verrerie, etc.

Calcaires. Mortiers ordinaires et hydrauliques, fondant métallurgique, agriculture, blanchiment, tannage, mortiers divers.

Calcaires magnésiens et *gypse.* Employés comme le sont ordinairement ces substances.

Fluorine. Objets d'ornement.

Barytine .Fabrication du verre, raffinage du sucre, teinture, etc.

Charbons bitumineux et *anthracites*. Combustibles, fabrication du coke, fusion des métaux, production de la vapeur, gaz et huiles, matières colorantes (aniline, etc.)

Sidérose. Donnant 40 pour 100 de fer.

Hématite. Donnant jusqu'à 60 ou 70 pour 100 de fer.

Ocre. Matière colorante.

Veines métallifères. Argent, plomb, zinc et antimoine.

SYSTÈME DEVONIEN

Grès. Constructions, dallage.

Ardoises. Toitures.

Calcaires. Constructions, mortiers, agriculture, marbres employés pour la décoration (campan, griotte, etc.)

Barytine (Voyez plus haut).

Sel gemme (Voyez plus haut).

Veines métalliques. Fer, plomb, cuivre, argent et peut-être mercure.

SYSTÈMES SILURIEN ET CAMBRIEN

Grès. Constructions, dallage, toitures.

Schistes argileux. Briques.

Calcaires. Constructions, mortiers, fondant métallurgique, agriculture, etc.

Ardoises. Toitures, dallage, construction des citernes, de tablés à écrire, etc.

Barytine. Fabrication du verre, raffinage du sucre, teinturerie, etc.

Apatite ou phosphate de chaux. Applications agricoles.

Terre d'ombre et ocres. Teintures et peintures.

Pyrites de fer et de cuivre. Soufre, acide sulfurique, cuivre.

Veines métalliques, souvent très-riches. Or, platine, argent, mercure, cuivre, étain, plomb, fer, manganèse, etc.

SYSTÈMES LAURENTIEN ET MÉTAMORPHIQUE

Ardoises diverses (V. ci-dessus).

Calcaires et *marbres.* Très-recherchés pour la décoration.

Quartzites. Meules à piler et à broyer.

Serpentines. Décoration et ornementation.

Asbeste. Application à des objets réfractaires.

Écume de mer. Pipes, etc.

Stéatite. Fours et appareils réfractaires.

Magnésite. Minerai de magnésie.

Apatite. Engrais phosphatés.

Cryolithe. Extraction de l'aluminium.

Graphite. Crayons, creusets, employé aussi pour polir les objets en fonte, et lubréfier les engrenages.

Terre d'ombre et *ocres* (V. ci-dessus).

Gemmes et pierres précieuses. Quartz, topaze, rubis, émeraudes, beryl, tourmaline, lapis-lazuli, grenats, etc., en veines et en nids dans les schistes cristallins.

Veines métallifères. Or, platine, argent, mercure, cuivre, étain, plomb, zinc, antimoine, cobalt, fer, manganèse, etc.

ROCHES VOLCANIQUES

Laves diverses. Constructions, routes, meules à moudre.

Ponce. Polissage.

Obsidienne. Employé par les hommes primitifs et aujourd'hui encore au Mexique comme substance tranchante.

Pouzzolanes et trass. Ciment romain.

Soufre et terres sulfureuses. Soufre, poudre à canon, acide sulfurique; applications industrielles et médicales.

Borax et sel ammoniac. Applications variées.

Gemmes et pierres précieuses. Agates, calcédoine, péridot, spinelle, vésuvianite, etc.

ROCHES TRAPPÉENNES

Basaltes et mélaphyres. Constructions, macadam, pavage, etc.

Porphyres et *eurites*. Usages analogues et applications décoratives.

Pierres précieuses. Quartz, agate, cornaline, calcédoine, jaspe, péridot, zircons, etc.

ROCHES GRANITIQUES

Granites et *porphyres*. Constructions, décoration, routes, etc., meules à moudre, etc.

Granite décomposé. Kaolin pour la fabrication de la porcelaine et de la faïence.

Syénites et *granites amphibolifères*. Mêmes usages que le granite ordinaire.

Pierres précieuses. Quartz, améthyste, topaze, tourmaline, beryl, émeraudes, grenat, etc.

FIN.

TABLE ALPHABÉTIQUE

DES LOCALITÉS CITÉES

ET DE LEURS PRODUCTIONS MINÉRALES.

FIN DE LA TABLE ALPHABÉTIQUE

DES LOCALITÉS CITÉES.

TABLE ALPHABÉTIQUE

DES

MATIÈRES ET DES FIGURES

FIN DE L'OUVRAGE

SCIENTIFIQUE
BIBLIOTHÈQUE
HORTICOLE, AGRICOLE, FORESTIÈRE ET POPULAIRE
CATALOGUE ILLUSTRÉ
AGRICULTURE — HORTICULTURE
CHASSE — SPORT — FORÊTS
JARDINS — PARCS — ARCHITECTURE
SCIENCES — VOYAGES — HISTOIRE
BEAUX-ARTS
PUBLICATIONS NOUVELLES
Envoi franco contre Mandat
ou Timbres-poste
PARIS. J. ROTHSCHILD, ÉDITEUR PARIS.
13, Rue des Saints-Pères, 13

J. ROTHSCHILD, Éditeur, 13, Rue des Saints-Pères, Paris.

LE TRÉSOR
DE LA FAMILLE

ENCYCLOPÉDIE DES CONNAISSANCES UTILES

DANS

LA VIE PRATIQUE

PAR J.-P. HOUZÉ

Un fort volume paraissant en environ 10 livraisons
au prix de 50 centimes.

Cet ouvrage se propose la solution de tous les problèmes de la VIE PRATIQUE ; il traite de toutes les connaissances utiles, propres à procurer le bien-être et le bonheur domestiques. Il a pour but de mettre à la portée de chacun toutes ces notions usuelles, tous ces renseignements utiles dont on a besoin chaque jour. Il renferme tout ce qui concerne l'habitation, l'ameublement, l'alimentation, l'horticulture, l'agriculture, l'habillement, la toilette, l'hygiène, la médecine et la pharmacie domestiques, l'éducation et l'instruction des enfants, les usages de la société, les règles de la politesse, les lois de l'économie domestique et ces mille recettes d'une application facile et d'une si grande utilité dans la vie.

Il résume les lois usuelles, les règlements de police et les connaissances nécessaires pour mener soi-même à bonne fin ses affaires.

Suivant le précepte d'Horace : *utile dulci*, l'agréable est joint à l'utile en donnant sur tous les jeux : jeux gymnastiques, jeux d'esprit, jeux de calcul et de hasard, récréations artistiques et scientifiques, tous les renseignements nécessaires. En un mot, les auteurs se sont efforcés de n'y rien omettre, afin que ce livre soit réellement ce qu'il prétend être: Une véritable Encyclopédie des choses usuelles.

J. ROTHSCHILD, Éditeur, 13, Rue des Saints-Pères, Paris.

LA CHIRURGIE DU FOYER

Par C. BABAULT

DOCTEUR EN MÉDECINE DE LA FACULTÉ DE PARIS

Un fort volume in-18, imprimé sur beau papier, 500 pages, avec 84 gravures dans le texte. Relié toile anglaise, **3 fr. 50**

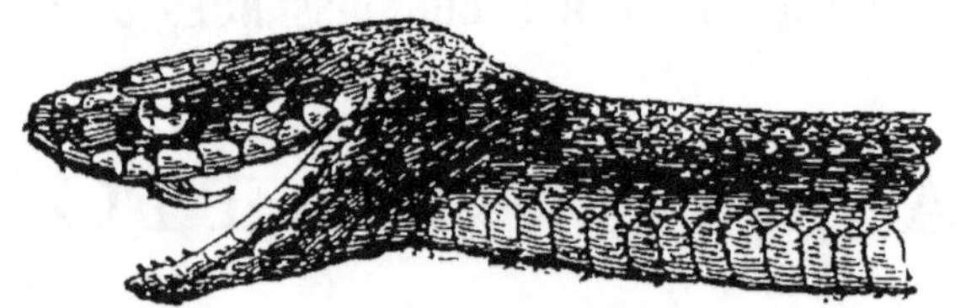

L'utilité que ce livre pourra offrir s'étend surtout dans nos campagnes où il doit réagir contre les charlatans et contre l'application des moyens plus ou moins nuisibles. L'auteur s'est proposé d'y répandre les connaissances nécessaires pour faire un premier pansement, en attendant l'arrivée du médecin, et de mettre en garde contre certaines affections graves dont le début paraît inaperçu la plupart du temps.

L'auteur a obtenu l'approbation de Mgr L'ÉVÊQUE DE VERSAILLES, conçue dans les termes les plus flatteurs que nous citons ici :

« Ce petit ouvrage, résultat de quarante années d'études, de pratique et d'observation m'a paru rédigé avec précision et clarté. Le but de l'auteur est de procurer aux parents et à ceux qui s'intéressent aux personnes à qui il est arrivé des accidents, les moyens de donner les premiers secours, en attendant l'arrivée du médecin. Il sera également très-utile aux Sœurs de charité, et à tous ceux qui, par état, sont appelés à donner des soins aux malades.

Nous donnons ci-après un extrait du sommaire des chapitres principaux :

Inflammation et traitement. — Abcès. — Panaris. — Clous. — Anthrax. — Brûlures. — Effets du froid. — Engelures. — Ulcères. — Ongle entré dans les chairs. — Verrues. — Cors. — Oignons. — Plaies. — Piqûres — Coupures. — Maladies virulentes. — Plaies de tête. — Fractures. — Entorses. — Efforts. — Ruptures de muscles. — Tumeurs. — Rachitisme. — Maladies des yeux. — Gale. — Médicaments externes. — Cataplasmes. — Caustiques. — Cautères. Moxa. — Vésication. — Contrepoisons. — Asphyxies.

a
b

LES SOUFFRANCES
DU PROFESSEUR DELTEIL
Par CHAMPFLEURY

Cinquième Édition ornée de 25 Gravures par CRAFTY

Un volume petit in-4, impression sur papier teinté.
Broché, **5** fr.; en demi-reliure, chagrin, tranches dorées, **7** fr.

Le tableau amusant d'une petite ville de province il y a trente ans, de gaies et vives silhouettes d'enfants, et surtout une bonne humeur qu'on trouve rarement dans les publications d'aujourd'hui, font des *Souffrances du Professeur Delteil* le livre

qni a le plus fortement servi à la réputation de M. CHAMPFLEURY, et qui a pour caractère particulier de pouvoir être mis entre les mains de l'homme, de la femme et de l'enfant.

De nombreuses éditions, qui trouvèrent un nombreux public, ont constaté depuis longtemps le succès de ce spirituel ouvrage, dont nous publions aujourd'hui une édition de luxe, ornée de 25 Vignettes (dont plusieurs de page entière), de l'humoriste CRAFTY, qui a traduit de son plus fin crayon les situations franchement comiques des *Souffrances du Professeur Delteil.*

J. ROTHSCHILD, Éditeur, 13, Rue des Saints-Pères, Paris.

CAUSERIES SCIENTIFIQUES

DÉCOUVERTES ET INVENTIONS

Progrès de la Science et de l'Industrie

PAR

HENRI DE PARVILLE

Rédacteur du feuilleton scientifique
du *Journal officiel* et du *Journal des Débats*.

*Prix de chaque année, formant un volume in-18 de 360 pages environ
avec 60 figures environ.* — *Prix :* **3** FRANCS **50**

PUBLICATION ILLUSTRÉE

Examinée et admise par le Ministre de l'Instruction publique pour
les Bibliothèques scolaires.

Cette publication, qui a obtenu, à l'Exposition universelle
de 1867, la 1re médaille accordée par le Jury international aux
œuvres de vulgarisation, et à l'Exposition de Vienne le diplôme
de Mérite est arrivée à sa quinzième année d'existence (en 1876).

Son succès rapide et croissant s'explique par l'intérêt et l'ac-
tualité des matières qui y sont traitées.

Les Annuaires scientifiques ne présentent en général qu'un
abrégé des mémoires académiques ou que des coupures réunies
ensuite par ordre méthodique, sans commentaires ni conclusions.
Ici, au contraire, chaque chapitre a son originalité propre;
chaque sujet est soumis à la discussion; par sa forme, l'ouvrage
est accessible à tout le monde; par le fond, il peut être lu avec
profit par les savants eux-mêmes. C'est un résumé lucide, clair
et saisissant du mouvement scientifique.

J. ROTHSCHILD, Éditeur, 13, Rue des Saints-Pères, Paris.

LES MINÉRAUX

GUIDE PRATIQUE
POUR LEUR DÉTERMINATION SÛRE ET RAPIDE
Au moyen de simples recherches chimiques
PAR VOIE SÈCHE ET PAR VOIE HUMIDE
A l'usage des Chimistes, Ingénieurs, Industriels, etc.
Par F. DE KOBELL
TRADUIT SUR LA DIXIÈME ÉDITION ALLEMANDE
Par le comte Ludovic de LA TOUR-DU PIN
DEUXIÈME ÉDITION AUGMENTÉE D'UN AVANT-PROPOS ET D'ADDITIONS
Par F. PISANI
Professeur de Chimie et de Minéralogie

Un volume in-18, relié en toile. — Prix : 2 Fr. 50.

M. Pisani, dans l'avant-propos qu'il a placé en tête de ce petit livre, s'exprime ainsi sur la méthode indiquée par M. de Kobell : Il fallait trouver un genre spécial d'analyse qualitative applicable à la minéralogie, qui permit au chimiste le plus éloigné de ce genre d'études de pouvoir promptement et avec certitude déterminer la plupart des minéraux. C'est là, l'objet que s'est proposé l'auteur de cet ouvrage, et j'ai pu m'assurer par une longue pratique faite depuis plusieurs années dans mon laboratoire par quelques-uns de mes élèves, que cette méthode peut rendre le plus grand service aux chimistes, essayeurs, ingénieurs, industriels, et aux différents amateurs qui se livrent à l'étude des minéraux. La seule condition à remplir, c'est de suivre bien exactement la marche indiquée dans cet ouvrage, de procéder successivement par élimination et de s'aider au besoin des détails qu'on peut trouver dans un traité de minéralogie, jusqu'à ce qu'on ait découvert à quelle espèce appartient la substance à examiner. On se fera une idée de l'importance de cette méthode d'analyse quand on saura qu'il ne faut pas, en moyenne, plus de dix à quinze minutes, et souvent moins, pour reconnaître la plupart des minéraux, quand, dans ce cas, le chimiste le plus exercé qui emploie l'analyse qualitative ordinaire mettra une ou plusieurs heures pour arriver au même résultat. »

M. de Kobell dit aussi dans son introduction : « Je me suis convaincu des avantages de ma méthode par un cours pratique de vingt années à l'Université. Il est bien entendu que l'on doit s'être familiarisé avec l'emploi du chalumeau et la connaissance de l'effet des dissolvants et des réactifs les plus simples. »

Ces citations sont suffisantes pour recommander le Guide dont il s'agit.

LA TERRE VÉGÉTALE

De quoi elle est faite. — Comment elle se forme.
Comment on l'améliore.

GUIDE PRATIQUE DE GÉOLOGIE AGRICOLE

À l'usage des Ingénieurs, Agronomes, Géologues et des Écoles du Gouvernement.

Par Stanislas MEUNIER

Docteur ès-sciences, aide de géologie au Muséum

Un volume in-18 avec vignettes et une Carte agronomique de la France, par M. DELESSE. — Relié toile anglaise. — Prix : **3 fr.**

Cet ouvrage est divisé en trois parties, correspondant aux trois termes de son sous-titre. Dans la première, relative à la constitution de la terre végétale, sont exposées les meilleures méthodes d'analyse et résumés, les caractères principaux des divers types de sols. La seconde partie est purement géologique. C'est le mécanisme même en vertu duquel s'édifie tous les jours le support nourricier des végétaux, qui y est étudié en détail. On y montre, à côté de la terre végétale qui se produit sur place, par suite de la décomposition de la roche vierge, les terres dont les éléments arrachés à des sources diverses sont charriés, réunis et mélangés par divers agents de transport. L'un des moins curieux de ces agents n'est certainement pas l'air atmosphérique, qu'on ne s'attendrait pas à compter parmi les causes d'une véritable sédimentation. Enfin, la troisième partie, qu'on peut qualifier d'agronomique, traite des amendements et des engrais minéraux. L'intérêt pratique du volume de **M. Stanislas Meunier** est rendu plus évident encore par l'addition qu'a bien voulu y faire M. Delesse, d'une belle et instructive carte agricole de la France. L'agronome, l'agriculteur, le géologue et le chimiste lui-même trouveront dans cet ouvrage de précieux renseignements sur l'un des sujets les plus importants au point de vue théorique, comme à celui des applications.

VIENT DE PARAITRE

VENISE

HISTOIRE — ARTS — INDUSTRIE — LA VILLE — LA VIE

PAR CHARLES YRIARTE

Après avoir, dans une vue d'ensemble, montré le rôle qu'a joué la *Reine de l'Adriatique* aux diverses époques de sa puissance, l'auteur raconte les grands épisodes historiques, montre le développement des relations commerciales qui ont fondé sa richesse, les rapides progrès de sa civilisation, la splendeur de ses arts et de son industrie.

Le lecteur parcourt avec lui le palais Ducal, il entre à Saint-Marc, à l'arsenal, dans les églises, dans les palais, dans les musées, dans les bibliothèques et les archives des Frari; il descend le Grand-Canal, étudie les palais, les transformations successives de l'architecture, ressuscite les grands artistes, peintres, sculpteurs, architectes, fondeurs, dont la vie est ignorée. Il consacre un chapitre à la typographie, un autre au verre soufflé, à la mosaïque, à la dentelle et au costume, et reproduit avec une merveilleuse exactitude les planches précieuses, et souvent uniques, des belles œuvres des Alde et des grands imprimeurs vénitiens.

Il a gravé le Colleoni, l'étonnante grille de la Loggetta, les admirables vasques du palais, les marteaux de porte, les chapiteaux, les balcons et les frises, les curieuses compositions de Giacomo Franco, de Paulus Furlanus, sans oublier la Venise d'aujourd'hui, vivante et colorée, la lagune scintillante, Venise la Rouge, avec ses îles, le Lido, le Rialto. Il peint enfin le carnaval qui est mort il y a cent ans, et celui d'aujourd'hui; il dit les fêtes, les plaisirs, les types, les mœurs et la vie, et présente un tableau complet, le plus considérable assemblage de planches gravées qui aient encore été réunies sur Venise.

Le seul énoncé de ces chapitres, accompagnés tous de gravures à l'appui, donnera au lecteur l'idée du soin apporté à cet ouvrage, et des sérieuses recherches qu'il a fallu faire pour écrire un tel livre:

Histoire. — Archives de Venise. — Commerce. — Navigation et arsenal. — Architecture. — Sculpture. — Peinture. — Littérature et Typographie. — Verrerie. — Mosaïque. — Dentelle. — La ville. — La vie.

Conditions de la Vente. — L'ouvrage est imprimé sur beau papier teinté, format in-folio. Il paraît une livraison (prix 1 franc) par semaine ou une série (prix 5 francs) par mois. L'ouvrage sera complet en 30 livraisons environ, ornées de 400 gravures, dont 50 tirées sur papier très-fort, hors texte.

Quelques exemplaires, tirés sur papier de Hollande, pour lesquels on peut souscrire dès à présent, mais qui ne seront délivrés qu'après l'entière apparition du livre, sont au prix de **100 Francs,**

J. ROTHSCHILD, Éditeur, 13, Rue des Saints-Pères, Paris.

LA DENTELLE

HISTOIRE — DESCRIPTION — FABRICATION — BIBLIOGRAPHIE

Par JOSEPH SÉGUIN

L'ouvrage forme un fort volume in-folio, impression en caractères elzéviriens sur papier teinté. Il contient 50 Planches phototypographiques *inaltérables*, imprimées par deux procédés à l'encre d'impression ordinaire, et 75 Vignettes d'après les meil-

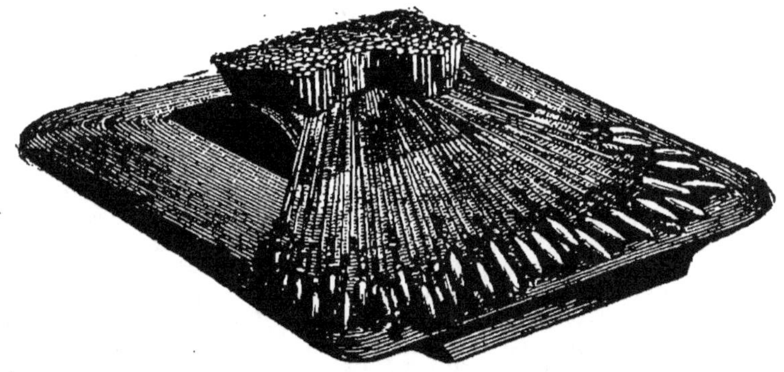

leurs Maîtres des XVIᵉ et XVIIᵉ siècles, donnant le fac-simile des plus belles Dentelles de toutes les époques : Passements aux fuseaux, Points coupés à l'aiguille, Points de Venise, de Gênes; Guipures, Valenciennes, Malines, Points d'Alençon, de Sedan, de Bruxelles, d'Angleterre, Blondes, Chantilly, etc., etc.

Prix de l'Ouvrage complet : 100 Francs.

Quelques Exemplaires ont été imprimés sur papier de Hollande et se vendent 160 Francs.

Une Reliure spéciale à coins, tranches dorées
avec filets en or, en demi-maroquin du Levant violet,
est du Prix de 20 Francs.

« C'est une étude consciencieuse, une monographie complète de la dentelle, écrite par un connaisseur doublé d'un savant. Ce qu'il a fallu d'érudition, de patience et de sagacité pour retrouver tous ces modèles, pour en faire un choix raisonné, pour les classer avec sûreté, rien ne saurait en donner une idée à ceux qui n'ont pas feuilleté ce bel ouvrage et passé en revue cette merveilleuse collection. » (*Revue scientifique.*)

L'ARTILLERIE FRANÇAISE

COSTUMES — UNIFORMES — MATÉRIEL

DEPUIS LE MOYEN AGE JUSQU'A NOS JOURS

Grande Publication historique ornée de 64 Planches
et avec texte explicatif

Par A. DE MOLTZHEIM

Capitaine en premier au train d'artillerie

Un beau volume grand in-folio dans un élégant Cartonnage.

Prix de l'ouvrage, avec les Planches coloriées, 150 Francs.

L'Édition avec les Planches imprimées en bistre est de 40 Francs.

☞ Parmi les Souscripteurs nous citons :

Le Ministère de la Guerre, le Comité d'artillerie; — le Royal United service Institution, le British Museum, le Kensington Museum, à Londres; — le Royal Artillery Institution de Woolwich; — l'Académie royale d'Écosse; — le Militær-Comité, le Musée des Arts, l'archiduc Albert, à Vienne; le Militær-Comité, à Munich; l'École militaire, à Saint-Pétersbourg, etc., etc.

De longues investigations ont permis à l'auteur de former une véritable monographie historique de l'*Artillerie française*. Son but n'a donc pas été de publier uniquement une série de costumes et d'uniformes; il a reproduit, avec une scrupuleuse exactitude, le matériel usité dans les différentes périodes de notre histoire, les divers procédés de manœuvres, d'attelage; en un mot, il a représenté pas à pas le caractère général de l'Artillerie, en la suivant depuis le moyen âge jusqu'à nos jours.

Un texte explicatif accompagne les soixante-quatre planches en couleur et donne des renseignements sur l'origine de l'Artillerie française, les transformations et les perfectionnements successifs qu'elle a subis depuis le XIVe siècle jusqu'à ce jour.

Ce recueil est du plus haut intérêt pour les officiers d'Artillerie, du Génie et des autres armes en France et à l'Étranger. Sa place est marquée d'avance dans toutes les Bibliothèques militaires et de marine, surtout dans celles des Écoles et dans les Arsenaux. Les Musées d'arts, les Artistes et les Académies y trouveront un choix très-authentique de costumes.

Le Livre de l'Artillerie sera également consulté avec profit par les chefs des grandes industries qui se rattachent à l'Artillerie, notamment par ceux des fonderies de canons.

Enfin cet ouvrage convient non-seulement aux Bibliothèques de la France et de l'Étranger, mais à tous ceux qui s'occupent d'histoire militaire; ils y trouveront des renseignements curieux et utiles qu'il leur faudrait rechercher péniblement dans beaucoup d'autres ouvrages, la plupart très-rares, et même dans des documents manuscrits.

J. ROTHSCHILD, Éditeur, 13, Rue des Saints-Pères, Paris.

LES POISSONS D'EAU DOUCE

SYNONYMIE, DESCRIPTION, MŒURS, FRAI
PÊCHE, ICONOGRAPHIE

Des espèces composant plus particulièrement la Faune française

Par H. GERVAIS et R. BOULART
Attachés au Muséum.

Avec une Introduction par Paul GERVAIS
MEMBRE DE L'INSTITUT

Un volume grand in-8 avec 250 pages de texte

60 Chromotypographies et 56 Gravures

Prix **30** francs. — Demi-reliure maroquin, tranches dorées, **35** francs.

L'Ichthyologie est une des branches de l'histoire naturelle, qui a fait le plus de progrès depuis le siècle dernier. Un ouvrage à la fois élémentaire et scientifique donnant les principales espèces de l'Europe, leur synonymie, description, mœurs, iconographie, etc., etc., nous a

paru utile pour faciliter au public l'étude d'une science si intéressante, non-seulement au point de vue de l'histoire naturelle, mais encore au point de vue économique. Elle est, en effet, une des sources principales de l'alimentation en même temps qu'elle fournit de nombreux produits utilisés dans les arts, dans l'industrie, etc.

Cet ouvrage est divisé en deux parties et formera trois volumes. Le premier contient les POISSONS D'EAU DOUCE. Les tomes II et III, avec 200 chromotypographies, sont consacrés aux ESPÈCES MARINES qui habitent la Méditerranée, l'Océan, la Manche, la Mer du Nord, etc., etc., et qu'on prend le plus fréquemment sur les côtes de l'Europe.

J. ROTHSCHILD, Éditeur, 13, Rue des Saints-Pères, Paris.

LE
MONDE MICROSCOPIQUE DES EAUX
Par JULES GIRARD

UN VOLUME IN-18, ORNÉ DE 70 GRAVURES

Relié en toile, 3 Francs 50.

Ce livre conduit le lecteur à travers le monde si curieux des *Infiniment-Petits*, qui peuplent les eaux douces et salées. Il lui fait parcourir les trois règnes de la nature. Cette révélation des créatures si merveilleuses par leur perfection, leurs mœurs, leur multiplicité infinie, est une esquisse à grands traits des principaux phénomènes et des secrets de la vie aquatique.

SOMMAIRE : PREMIÈRE PARTIE. — *La Vie animale dans l'eau.* — I. Comment on observe. — II. Coup d'œil sur les animalcules de l'eau. — III. Le développement des infusoires. — IV. L'immensité de la vie élémentaire. — V. L'animalité indéfinie.

DEUXIÈME PARTIE. — *Les Végétaux microscopiques.* — I. Où commence la vie végétale? — II. Études au bord d'un fossé. — III. — Petites causes, grands effets.

TROISIÈME PARTIE. — *La Microgéologie.* — I. Le fond de la mer. — II. Les fossiles microscopiques. — III. La vie minérale vue au microscope.

J. ROTHSCHILD, Éditeur, 13, Rue des Saints-Pères, Paris

INDUSTRIE DES EAUX

CULTURE

DES

PLAGES MARITIMES

PÊCHE — ÉLEVAGE — MULTIPLICATION

Des Crevettes — Homards
Langoustes — Crabes — Huîtres — Moules
Mollusques divers

PAR H. DE LA BLANCHÈRE

Élève de l'École impériale forestière, ancien agent des Eaux et Forêts
Président et Membre de plusieurs Sociétés savantes

AVEC UNE PRÉFACE

PAR M. COSTE

Membre de l'Institut

Un beau volume de 284 pages in-18, illustré de 70 bois d'après nature

PRIX : RELIÉ, 3 FR.

LE CHEVAL ET SON CAVALIER
HIPPOLOGIE ET ÉQUITATION
Par le comte J. DE LAGONDIE
Ancien Colonel d'état-major.

École pratique pour la connaissance, l'éducation, la conservation, l'amélioration du cheval de course, de chasse, de guerre ; d'après les récentes publications anglaises sur le turf, avec des tables généalogiques et nombreuses additions au point de vue du cheval français.

Deux forts volumes de 900 pages, ornés de nombreuses vignettes.
Prix : **7** Francs **50**.

SOMMAIRE DE L'OUVRAGE. — **Courses de Chevaux** — Handicaps, Paris, Cheval de course, Origine, Vitesse, Pureté du sang, Forme extérieure, Haras, Élevage, Écuries, Sellerie, Ferrure, Entraînement, Poulinière, Dressage, Pistes, Chef, Groom, Jockey, Frais d'élevage.

Courses de haies et Steeple-Chase. — But, Règlement, Poids, Hippodrome, Entraînements.

A la Queue des Chiens. — Hunter, Écurie et Achat, Dressage, Entraînements.

Courses au trot. — Trotteur, Cavalier, Terrain, Entraînements.

Théorie et pratique de l'élève du Cheval de Course. — Unions, Croisement, Choix de Poulinière et d'Étalon, Liste d'Étalons modernes.

Entraînement pour les Pédestrians ; Hippiatrique et Equitation. — Équipement, Équitation des dames, Chevaux d'attelage, Pansage, Nourriture, Tondre, brûler et faire les crins ; Vices d'écuries, Voitures, Harnais.

● LES PROMENADES DE PARIS (Suite).

Conditions de la Vente et de la Reliure :

L'ouvrage est complet en deux volumes in-folio : l'un contenant le texte d'environ 500 Pages avec 460 Gravures sur bois ; l'autre, 23 Chromolithographies, 27 Gravures imprimées sur papier de Chine et montées sur beau papier vélin, et 80 Gravures sur acier.

Le prix de l'ouvrage complet est de 500 Francs ; — dans deux élégants cartonnages, dos en peau de crocodile, plats ornés des Armes de la Ville de Paris, il est de 530 Francs.

Des exemplaires de luxe tirés sur papier de Hollande, avec 80 Gravures sur acier, imprimées sur papier de Chine, se vendent au prix de 1,000 Francs.

La reliure des deux volumes, le dos en maroquin du Levant, les plats en toile, avec les Armes de la Ville de Paris et une riche dorure, coûte 100 Francs ; une reliure de grand luxe, entièrement exécutée en maroquin du Levant avec biseaux, vaut 250 Francs les deux volumes.

Il est impossible, vu son extrême épaisseur, de relier l'ouvrage en un seul volume ; tous les volumes ont tête dorée, tranches ébarbées, et sont en couleur verte, pour bien faire ressortir les couleurs des Armes de la Ville de Paris.

Prospectus de l'Ouvrage. — Cette publication n'est pas seulement une *Description illustrée* des Promenades de la Ville de Paris et des ouvrages d'architecture qui les décorent, c'est aussi un *Souvenir splendide* pour les nombreux visiteurs de la capitale, et un monument artistique digne de notre temps.

L'exécution de l'ouvrage a exigé une dépense de plus de 700,000 Francs pour frais de Gravure, Papier et Impression, et plus de six années de travail.

L'auteur, en décrivant la partie la plus attrayante de Paris, n'avait pas seulement pour but de faire une œuvre historique, mais il désirait aussi initier les *Propriétaires* et les *Architectes* de parcs et jardins, les *Ingénieurs*, les *Architectes*, les *Horticulteurs* et surtout les *Administrations publiques* des Villes, à tous les procédés, à tous les détails d'exécution avec l'indication des prix, de la transformation mémorable de la Ville de Paris.

L'éditeur n'a reculé devant aucun sacrifice pour en faire à la fois un utile répertoire à l'usage des hommes spéciaux, des Bibliothèques publiques, des Sociétés savantes, des Écoles industrielles, des Musées des arts et métiers, et un ouvrage d'un luxe exceptionnel pour les amateurs de beaux livres.

☞ *Un Prospectus détaillé et illustré est envoyé gratuitement.*

J. ROTHSCHILD, Editeur, 13, Rue des Saints-Pères, Paris.

LES CONIFÈRES

Traité pratique
Des Arbres verts ou résineux, indigènes et exotiques

PAR C. DE KIRWAN

SOUS-INSPECTEUR DES FORÊTS

CULTURE UTILITAIRE ET ORNEMENTALE — CLASSI-
FICATION — DESCRIPTION — STATION — USAGES
REPEUPLEMENT DES FORÊTS — EMBELLISSE-
MENT DES JARDINS, PARCS, SQUARES, ETC.

Dédié à M. le Comte de Montalembert

INTRODUCTION PAR M. LE VICOMTE DE COURVAL

2 volumes in-18 reliés, ornés de 106 gravures

Prix des deux volumes ensemble : **5** francs.

J. ROTHSCHILD, Éditeur, 13, Rue des Saints-Pères, Paris.

SEPTIÈME ÉDITION

L'ÉLAGAGE DES ARBRES

TRAITÉ PRATIQUE

De l'art de diriger et de conserver les arbres forestiers et d'alignement,
d'activer leur croissance et d'augmenter leur valeur

A L'USAGE

des Propriétaires, Régisseurs, Gardes particuliers, Administrateurs de forêts,
Gardes forestiers, Ingénieurs, Agents voyers et Élagueurs de profession.

Par le Comte A. DES CARS

Un vol. in-18, avec 72 gravures et Dendroscope, relié : 1 Fr.

Nous donnons ci-après les titres de quelques chapitres de cet
excellent ouvrage :

Considérations générales sur l'entretien des bois en France.

— Déboisement et perte des bois. — Inconvénients des élagages vicieux. — Formation du bois par la séve descendante. — But de l'élagage. — Classement des arbres forestiers. — Études des quatre âges. — Traitement des écorchures, plaies, etc. — Trous dans le corps des arbres. — Vole-t-on le marchand de bois? — Époque de l'élagage. — Prix de revient. — Élagage des taillis et des futaies pleines. — Un mot sur le chêne de marine.

— Étêtage des arbres couronnés. — Des conifères. — Des arbres d'alignement. — Plantations le long des routes et canaux. — Avenues conduisant aux habitations. — Promenades publiques. — Élagage des haies vives. — Conclusions.

Ouvrage ayant obtenu la Médaille d'or à la Société centrale d'Agriculture et la Médaille d'argent à l'Exposition de 1867.

J. ROTHSCHILD, Éditeur, 13, Rue des Saints-Pères, Paris'

LE GUIDE

DU

CHASSEUR

DEVANT LA LOI

Recueil des lois, ordonnances et circulaires ministérielles avec les dispo-
sitifs, par ordre alphabétique, de toutes les décisions rendues en matière de chasse depuis le 3 mai 1844 jusqu'à ce jour

Par F. TÉCHENEY

Rédacteur au journal *la Gironde*

1 vol. in-18, relié. Prix, 2 fr. 80 c.

La loi du 3 mai 1844 sur la police de la chasse est sans
contredit une des lois usuelles les plus importantes, parce
qu'elle renferme le plus de controverses soit en doctrine,
soit en jurisprudence; et bien que les commentaires et
traités sur cette matière soient nombreux, les derniers
venus, profitant des travaux et de l'expérience de leurs
prédécesseurs, ont par la date seule de leur apparition une
présomption de supériorité. C'est par là que le guide du
chasseur devant la loi, de M. F. Técheney, volume très-
complet et très-portatif, se recommande d'une manière
toute particulière non-seulement aux jurisconsultes, mais
encore aux amateurs de la chasse, aux fonctionnaires de
tous ordres : préfets, maires, adjoints, gardes-cham-
pêtres, gardes-forestiers, gardes particuliers, etc., etc.,
qui tous peuvent y puiser d'utiles enseignements.

J. ROTHSCHILD, Éditeur, 13, Rue des Saints-Pères, Paris.

LES TRAVAUX PUBLICS

DE LA FRANCE

ROUTES ET PONTS, CHEMINS DE FER, RIVIÈRES & CANAUX, PORTS DE MER, PHARES & BALISES

OUVRAGE PUBLIÉ

SOUS LES AUSPICES DU MINISTÈRE DES TRAVAUX PUBLICS
Et sous la Direction de M. LÉONCE REYNAUD
Inspecteur général des Ponts et Chaussées.

PAR

MM. FÉLIX LUCAS, ED. COLLIGNON, H. DE LAGRENÉ, E. ALLARD
VOISIN-BEY.
Ingénieurs des Ponts et Chaussées.

Avec 250 Planches en Phototypographie inaltérables imprimées à l'encre grasse, de nombreuses Gravures dans le texte et 5 Cartes en Chromolithographie.

Conditions de la Vente. — L'Ouvrage se composera de cinq parties, formant chacune un volume in-folio. — Chaque volume contiendra 50 Planches en phototypographie, imprimées à l'encre grasse, et il sera publié en 10 livraisons contenant chacune 5 planches et plusieurs feuilles de texte ornées de nombreuses gravures. L'impression est faite sur un caractère elzévirien très-beau ; un papier vélin teinté est fabriqué spécialement pour les planches et pour le texte. — Le prix de la livraison est fixé à 12 francs (frais de port en sus pour la province et l'étranger), payables au fur et à mesure de leur apparition.

La dernière livraison de chaque partie contiendra les titres, table et une carte en chromolithographie, représentant l'ensemble des travaux.

Les cinq volumes seront entièrement terminés en 1877. — Aucune livraison ne se vendra séparément, mais on pourra souscrire à une ou à plusieurs parties de la publication, *c'est-à-dire* à un ou à plusieurs volumes.

L'ouvrage contiendra une liste de tous les Souscripteurs. Toutes les Planches de l'ouvrage seront revues et revêtues au verso d'une marque spéciale.

Livraison spécimen. — Une livraison spécimen, dans un élégant cartonnage, contenant 5 planches et quelques pages de texte, se vend séparément au prix de 5 Francs ; elle est remise gratuitement à tout Souscripteur pour l'ouvrage complet.

Paris. — Typ. Tolmer et Isidor Joseph, 13, rue du Four-St-Germ.

J. ROTHSCHILD, Éditeur, 13, Rue des Saints-Pères, Paris.

BEAUX-ARTS — ARCHÉOLOGIE

La Colonne Trajane. — 220 planches in-folio en couleur, en photo-typographie d'après le surmoulage exécuté à Rome en 1861 et 1862. Texte orné de nombreuses vignettes, par W. FRŒHNER (*Conservateur du Louvre*). . . . . 600 fr.

Les Musées de France. — Monuments antiques reproduits en chromolithographie, gravure sur bois, phototypographie. Texte par W. FRŒHNER (*Conservateur du Louvre*). — Un volume in-folio, avec 40 planches . . . . 100 fr.

Numismatique de la Terre-Sainte, par F. DE SAULCY (*Membre de l'Institut*). In-4°, avec 25 pl., 60 fr.; sur pap. de Hollande. 90 fr.

La Dentelle à l'aiguille, aux fuseaux. 50 planches donnant les plus beaux types de dentelles avec texte orné de vignettes, par J. SÉGUIN. — In-folio, 100 fr.; sur papier de Hollande. . . . 160 fr.

AGRICULTURE

Les Plantes fourragères. — Atlas in-folio, avec 60 planches accompagnées d'une légende, par V.-J. ZACCONE (*Sous-intendant militaire*). — Avec fig. noires, 25 fr.; avec fig. coloriées . . . 40 fr.

Prairies et Plantes fourragères, par ED. VIANNE (*Directeur du Journal d'Agriculture progressive*). — In-8° avec 170 gr. . 8 fr.

Le Brome de Schrader, Par A. LAVALLÉE. 4e édition. In-18 avec 2 planches sur acier . . . . 1 fr. 50

Dictionnaire vétérinaire, par L. FÉLIZET (*Vétérinaire*). Introduction de J.-A. BARRAL. — In-18, relié. . . . . 2 fr. 50

La Pustule maligne. — Charbon, sang de rate, par CH. BABAULT (*Docteur médecin*). — In-18, relié. . . . . 2 fr.

Législation protectrice des Animaux, par B. de BEAUPRÉ (*Docteur en droit*). 3e édition. — In-18, relié. . . . . 0 fr. 75

Les Oiseaux utiles et nuisibles aux champs, jardins, vignes, forêts, etc., par H. DE LA BLANCHÈRE. 2e édition. In-18, relié, avec 150 gravures . . . . 3 fr. 50

La Culture économique par l'emploi des instruments et machines, par ED. VIANNE. — In-18 avec 201 figures, relié. . . . 2 fr. 50

Enquête sur les Engrais, par MM. DUMAS (*Membre de l'Institut*) et DE MOLON. — In-18, relié . . . . 2 fr.

J. ROTHSCHILD, Éditeur, 13, Rue des Saints-Pères, Paris.

SCIENCE — INDUSTRIE.

Musée entomologique illustré. — Histoire naturelle iconographique des Insectes, publiée par une réunion d'Entomologistes français et étrangers. Tome premier : LES COLÉOPTÈRES ; classification, mœurs, chasse, collections ; Iconographie et Histoire naturelle des Coléoptères d'Europe. 1 vol. in-4º avec 48 planches en couleur et 335 vignettes . . . . 30 fr.

Grand Atlas universel. — 51 cartes en couleur, dessinées par W. HUGHES (*de la Société de Géographie de Londres*). 2e édition, avec Introduction par E. CORTAMBERT (*Bibliothécaire à la Bibliothèque nationale*). — Avec Index général, relié . . . . . 125 fr.

La Vie. — Physiologie humaine appliquée à l'hygiène et à la médecine, par le docteur LE BON. — In-8º avec 339 figures . . 15 fr.

L'Origine de la Vie, par PENNETIER, avec Introduction, par POUCHET (*Directeur du Muséum de Rouen*). — In-18, avec figures. 3 fr.

Le Médecin des Enfants, par BARTHÉLEMY (*Docteur médecin*). — In-18, relié . . . . 1 fr.

L'Allaitement maternel, par le Dr BROCHARD. — In-18, rel.. 1 fr.

Clinique médicale de Montpellier, par le professeur FUSTER (*Médecin en chef de l'Hôtel-Dieu Saint-Éloi*). — In-8º, cartonné. . 10 fr.

Causeries scientifiques. — Découvertes, inventions de l'année 1875, par H. DE PARVILLE (*Rédacteur du* Journal officiel *et du* Journal des Débats). — In-18 avec 50 figures . . . . 3 fr. 50

L'Ammoniaque. — Son emploi en industrie, par CH. TELLIER (*Ingénieur civil*). — In-8º avec figures et plans. . . . . . . 12 fr.

Principes de Science absolue par J. THOMSON. — In-8º relié. 16 fr.

La Culture des Plages maritimes par H. DE LA BLANCHÈRE (*Ancien élève de l'école forestière*). — Préface de COSTE (*de l'Institut*). — In-18, 70 gravures, relié . . . . 3 fr.

Le Monde microscopique des Eaux, par J. GIRARD. — In-18, avec 70 gravures, relié toile. . . . . 3 fr. 50

La Lithotritie et la Taille. — Guide pratique pour le traitement de la pierre, par le docteur S. CIVIALE (*Membre de l'Institut*). 2e édition, avec 50 gravures avec catalogue de calculs et d'instruments. — Relié, toile.. . . . . 16 fr.

L'Aquarium d'eau douce et d'eau de mer, par J. PIZZETTA. Introduction, par A. GEOFFROY SAINT-HILAIRE (*Directeur du Jardin d'acclimatation*). — In-18 avec 220 gravures, relié. . . . . 3 fr. 50

La Pluie et le Beau Temps. Météorologie usuelle, par P. LAURENCIN. — In-18, avec 110 gravures et cartes, relié. . . . . 3 fr. 50